劣モジュラ最適化と機械学習

Machine Learning with Submodular Functions

河原吉伸
永野清仁

講談社

■ 編者
杉山　将　博士（工学）
理化学研究所 革新知能統合研究センター センター長
東京大学大学院新領域創成科学研究科 教授

シリーズの刊行にあたって

インターネットや多種多様なセンサーから，大量のデータを容易に入手できる「ビッグデータ」の時代がやって来ました．現在，ビッグデータから新たな価値を創造するための取り組みが世界的に行われており，日本でも産学官が連携した研究開発体制が構築されつつあります．

ビッグデータの解析には，データの背後に潜む規則や知識を見つけ出す「機械学習」とよばれる知的データ処理技術が重要な働きをします．機械学習の技術は，近年のコンピュータの飛躍的な性能向上と相まって，目覚ましい速さで発展しています．そして，最先端の機械学習技術は，音声，画像，自然言語，ロボットなどの工学分野で大きな成功を収めるとともに，生物学，脳科学，医学，天文学などの基礎科学分野でも不可欠になりつつあります．

しかし，機械学習の最先端のアルゴリズムは，統計学，確率論，最適化理論，アルゴリズム論などの高度な数学を駆使して設計されているため，初学者が習得するのは極めて困難です．また，機械学習技術の応用分野は非常に多様なため，これらを俯瞰的な視点から学ぶことも難しいのが現状です．

本シリーズでは，これからデータサイエンス分野で研究を行おうとしている大学生・大学院生，および，機械学習技術を基礎科学や産業に応用しようとしている大学院生・研究者・技術者を主な対象として，ビッグデータ時代を牽引している若手・中堅の現役研究者が，発展著しい機械学習技術の数学的な基礎理論，実用的なアルゴリズム，さらには，それらの活用法を，入門的な内容から最先端の研究成果までわかりやすく解説します．

本シリーズが，読者の皆さんのデータサイエンスに対するより一層の興味を掻き立てるとともに，ビッグデータ時代を渡り歩いていくための技術獲得の一助となることを願います．

2014 年 11 月

「機械学習プロフェッショナルシリーズ」編者
杉山 将

まえがき

機械学習において，劣モジュラ関数とその最適化理論の重要性が認識されるようになったのは，実にここ 10 年以内のことです．劣モジュラ関数は，いわば離散的な変数に関する凸関数に対応する概念です．このような「離散」の考え方が，機械学習と強い結びつきがあることは少し想像がつきにくいかもしれません．しかしこの 10 年の間に，劣モジュラ関数とその離散構造に関する最適化理論が，機械学習における実に様々な場面で主要な役割を担うことが示されてきました．そして今日では，これらの知識は，機械学習を理解するうえで知っておかなくてはならない知識の 1 つになりつつあるといえます．

劣モジュラ関数は，1970 年のエドモンズ（Edmonds）による論文を契機にして，最適化分野においてその重要性が広く認識されるようになりました．それから数十年にわたり，劣モジュラ関数とその最適化の理論は，組合せ最適化分野における中心的話題の 1 つであり，現在でも数多くの新しい数理的発見がなされています．

このような数理的内容をまとめた劣モジュラ最適化に関する専門書は，これまでにもいくつか存在します．しかし一方で，これらの理論やアルゴリズムが，どのように機械学習の中で必要となり用いられているかということについては，まだまだまとまって整理されていないというのが現状でした．本書では，これまで関連する研究を行ってきた著者なりの視点から，そのような機械学習における劣モジュラ関数とその最適化の役割を，少しでも読者の皆さまが概観できるように努めました．当然ながら紙面の都合上触れられる話題には限界がありますが，劣モジュラ最適化の重要性が認識されるきっかけとなった劣モジュラ関数最大化とそのセンサ配置への適用，コンピュータ・ビジョンにおける劣モジュラ最適化の実用レベルの成功例であるグラフカット，そして機械学習において重要な概念である正則化に関する話題を中心に，周辺研究を理解するのに必要と思われる基礎的な事項とともに解説を行っています．

機械学習の発展において，機械学習と最適化は常に切っても切れない関係であるといえます．機械学習の成功例の１つであるサポートベクトルマシンは，凸関数の（連続）最適化理論との関連の中で構築されたものであることはよく知られています．凸関数の最適化はこれに限らず，実用的な機械学習アルゴリズムを構築するための土台となってきました．これからは加えて，いわば離散版の凸関数である劣モジュラ関数やその最適化も，このような機械学習の発展のための鍵となっていくことは想像に難くありません．また当然ながら，劣モジュラ関数やその最適化は，連続の凸性とも強く結びついています．劣モジュラ最適化は，これまでの機械学習の様々なアプローチの俯瞰的な理解や，拡張的なアルゴリズムの開発においてもますます重要となってくるでしょう．

本書を執筆するにあたり，多くの皆さまにお世話になりました．岡本吉央氏と植野剛氏には，本書を草稿の段階で査読いただき，数多くの助言を頂きました．講談社サイエンティフィクの瀬戸晶子氏には，執筆開始から出版に至るまで様々なご支援をいただきました．また本シリーズ編者の杉山将氏には，今回の執筆の貴重な機会を与えていただきました．この場を借りて，皆さまに改めて深くお礼申し上げます．

2015年9月

河原吉伸・永野清仁

目次

Chapter 1

学習における劣モジュラ性

劣モジュラ性は，いわゆる凸性に対応する集合関数の構造です．本章では，本書の主題であるこの劣モジュラ性について，機械学習における例に触れつつ，導入的な説明を行います．

1.1 はじめに

本書では，機械学習における組合せ的な側面を考えていきます．「組合せ」とはここでは，「何らかの選択可能な集まりの中から，その一部を選択する」という手続き，およびそれに付随する種々の計算的な性質を意味することとします．機械学習における問題を扱う際には，様々な場面で，この「組合せ」（的な計算）が重要な役割を担います．

たとえば，病院に蓄えられた患者データから，新しい患者の必要な入院期間を予測したいという状況を考えてみましょう．このような問題を機械学習により考える場合，蓄えられた患者データを用いて，患者の様々な検査／調査項目から入院期間への回帰モデルを構築し，その新しい患者に適用するのが一般的なアプローチでしょう．このとき，たとえば患者の体重や来院歴はその患者の症状を把握し入院期間を予測するのに有用な可能性が高いですが，一方で，患者の趣味や職業といった項目はあまりこの目的とは関係がないかもしれません．一般に，このような関係のない項目までも用いて回帰モデルを構築してしまうと，その項目に予測がひっぱられ，回帰モデルの性能は低下してしまいます．このような状況では，有限個の検査／調査項目の中

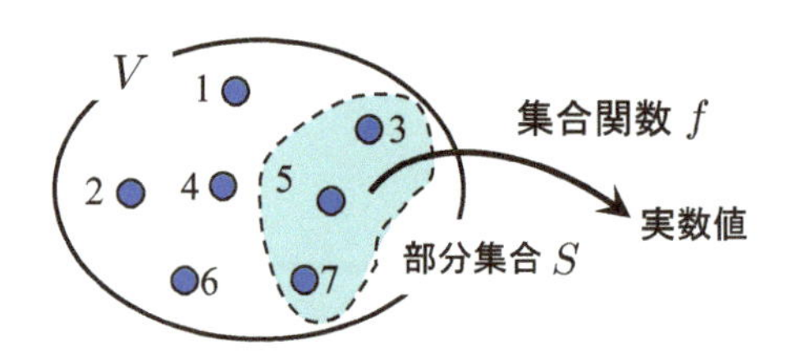

図 1.1　集合関数の概念図（図は $V = \{1, \ldots, 7\}$，$S = \{3, 5, 7\}$ の場合を表す）．

から，入院期間の予測に有用そうなその一部を選択して用いるという組合せ的な計算が，利用価値の高い回帰モデルを獲得するために重要となります．ここではその選択を先入観により行いましたが，実用的には，データを用いて何らかの方法でシステマティックに行う必要があるでしょう．このような問題に対する一連の定式化は，特徴選択と呼ばれ，機械学習における主要な組合せ的問題の 1 つです．

この例のように，選択可能な対象（または要素）の集まりからその一部を選択するという計算は，より正確な表現をすると，**集合関数**（**set function**）と呼ばれる離散的な関数の最適化を行っていると捉えることができます．集合関数は，この本で中心的役割を果たす概念ですので，ここでもう少し厳密に定義したいと思います．まず，選択可能な対象の数が n 個あるとします．このとき，選択される対象の全体は，**台集合**（**ground set**）と呼ばれ，$V = \{1, \ldots, n\}$ のように記述されます．先の例では，患者の検査／調査項目から成る集まりにあたります．このとき集合関数は，この台集合 V の各部分集合 S $(\subseteq V)$ に実数を割り当てます．つまり，V の部分集合の集まり（**べき集合**（**power set**）と呼びます）を 2^V と表すと，集合関数は $f\colon 2^V \to \mathbb{R}$ と表すことができます．図 1.1 の例では，集合関数 f が 7 つの要素から成る台集合 V 上に定義され，3 つの要素から成る部分集合 S に実数値を割り当てる場合が示されています．集合関数の最適化では，この関数 f が，各部分集合 S の何らかのよさ（または悪さ）を表していて，それを最大化（または最小化）するという計算を行うことになります．先の例において入院期間の予測精度に関連する量が f で表されているとすれば，これを最大とするような検査項目の集合を求めることが問題となるので，これは関数 f を用いた集合関数の最大化計算を行うことで達成できるといえます．

一般に，ある台集合 V が与えられたとき，すべての部分集合 $S \subseteq V$ の数は，V に含まれる要素数（$|V|$ のように表します）に対して指数関数的に増加します．たとえば $V = \{1, 2\}$ のときはその部分集合 S は $\{\}, \{1\}, \{2\}, \{1, 2\}$ の 4 通りしかないのに対して，$|V| = 10$ では 1024 通り，$|V| = 100$ では約 10^{30} 通り，そして $|V| = 1000$ になると約 10^{301} 通りのように，爆発的に増加していきます．このような現象は，組合せ爆発（combinatorial explosion）とも呼ばれ，計算機を用いて集合関数最適化などの組合せ的な計算を扱う難しさの根源であるといえます．本書の主眼である**劣モジュラ性**（**submodularity**）は，これから見ていくように，いわばこの難しさに直面しないように組合せ的な問題を考える，1 つのキーとなる概念としても非常に重要なものです．

1.2 劣モジュラ性への導入

劣モジュラ性 *1 は，集合関数における凸性にあたる構造であることが知られています（同時に，凹関数のような性質もあわせもっていますが，これについては第 2 章において言及します）．ここでは，劣モジュラ性の基本的な事項について導入的な説明をします．より詳細な説明は，もう少し体系的に第 2 章において行います．

1.2.1 劣モジュラ関数の定義とその直感的解釈

劣モジュラ性の定義には，等価なものがいくつか知られていますが，最もよく用いられるものは次式のように与えられます *2．

$$f(S) + f(T) \geq f(S \cup T) + f(S \cap T) \ (\forall S, T \subseteq V) \tag{1.1}$$

この不等式を満たす集合関数 f は「劣モジュラ性を満たしている」といい，ま

*1 「劣モジュラ」という言葉は，代数学の束論の概念であるモジュラ束（modular lattice）や半モジュラ束（semimodular lattice）に由来しています．半モジュラ束を特徴づける階数関数（rank function）が満たす性質の 1 つが劣モジュラ性に対応します．1970 年代前半までの文献では劣モジュラ関数ではなく半モジュラ関数（semimodular function）という言葉が使われていましたが，1970 年にエドモンズ（Edmonds）の論文が発表されてからは劣モジュラ関数という言葉が広く使われるようになりました [12]．

*2 $S, T \subseteq V$ について，$S \cup T$ は S と T の和集合，つまり $S \cup T = \{i : i \in S$ または $i \in T\}$ を表し，$S \cap T$ は S と T の積集合，つまり $S \cap T = \{i : i \in S$ かつ $i \in T\}$ を表します．$S = \{1, 2\}$，$T = \{1, 4, 5\}$ の場合，$S \cup T = \{1, 2, 4, 5\}$，$S \cup T = \{1\}$ となります．

た劣モジュラ性を満たす集合関数を**劣モジュラ関数**（**submodular function**）と呼びます[*3]．定義 (1.1) から，劣モジュラ性と，連続関数の凸性との関係を見ることもできます．ここでは，$V=\{1\}$，そして $V=\{1,2\}$ の場合を用いてこれについて直感的に説明します．

そのために，集合関数と，0-1 ベクトル[*4] 上に定義される実数値関数（**擬似ブール関数**（**pseudo boolean function**）とも呼ばれます）との対応について少しだけ触れたいと思います．台集合 V が与えられたとき，各部分集合 $S \subseteq V$ は，S に含まれる要素に対応する成分を 1，含まれない要素に対応する成分を 0 とすることで，n 次元の 0-1 ベクトルと 1 対 1 に対応させることができます．したがって，集合関数は n 次元 0-1 ベクトル上の実数値関数であるともいえます．このように定義される n 次元 0-1 ベクトルを**特性ベクトル**（**characteristic vector**）と呼びます．より正確には，任意の集合 $S \subseteq V$ に対して特性ベクトル $\boldsymbol{\chi}_S=(v_1,\ldots,v_n)^\top$ は，

$$v_i=\begin{cases}1 & i \in S\\ 0 & \text{それ以外}\end{cases}$$

のように定義されます．このような，要素数 n の台集合上に定義される集合関数と，n 次元 0-1 ベクトル上に定義される実数値関数との対応は，今後も何度か現れますので理解しておいてください．また簡略化のために，たとえば $\boldsymbol{\chi}_{\{2,3\}} \in \mathbb{R}^3$ を $(0,1,1)^\top$ ではなく $(0,1,1)$ のように転置記号を除いて表記することも許すものとします．

それでは，劣モジュラ性と，連続関数の凸性との関係について見ていきましょう．まず，集合関数 f は，$V=\{1\}$ の場合は $\{\}$，$\{1\}$ の 2 通り，$V=\{1,2\}$ の場合は $\{\},\{1\},\{2\},\{1,2\}$ の 4 通りの場合へ実数値を割り当てます．つまり，f は 1 次元，または 2 次元の 0-1 格子上の点のみに定義されていることになります (**図 1.2** 中黒丸)．ここで，凸性との関係を見るため，この関数の 1 次元，および 2 次元実数領域全体への拡張 $\widehat{f}\colon \mathbb{R} \to \mathbb{R}$，および $\widehat{f}\colon \mathbb{R}^2 \to \mathbb{R}$ を次のようにして与えます．1 次元の場合には，**図 1.2** の左図のように，単に $f(\{\})$ と $f(\{1\})$ の間を線形補間して値を与えることで

*3 定義 (1.1) を逆の不等式で満たす集合関数は，**優モジュラ関数**（**supermodular function**）と呼ばれます．

*4 各成分が，0 または 1 のいずれかの値をもつベクトルのことをいいます．

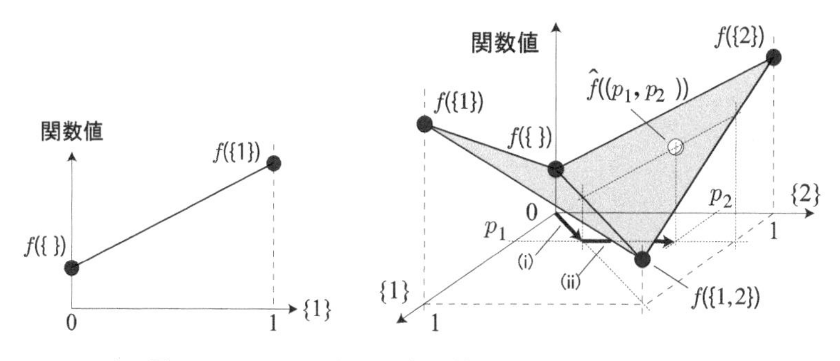

図 1.2 ロヴァース拡張の概念図 (左：1 次元，右：2 次元).

$\widehat{f}\colon \mathbb{R} \to \mathbb{R}$ を定めます．2 次元の場合を考えましょう．まずは $p_1 \leq p_2$ を満たす $\boldsymbol{p} = (p_1, p_2) \in \mathbb{R}^2$ に対し，$\widehat{f}(\boldsymbol{p})$ の値をどう決めるのか説明します．原点 $(0,0)$ から $\boldsymbol{p} = (p_1, p_2)$ までの移動を以下のように (i) と (ii) に分割して考えましょう．

(i) 原点 $(0,0)$ から $(1,1)$ の方向へ (p_1, p_1) まで進む．
(ii) その次に (p_1, p_1) から $(0,1)$ の方向へ (p_1, p_2) まで進む．

このとき，(i) と (ii) の各々について 1 次元の場合と同様に線形補間により値の変化量を考えて，それらを足し合わせることによって $\widehat{f}(\boldsymbol{p})$ の値が定まります．$p_1 \geq p_2$ の場合は，対称に扱うことで $\widehat{f}(\boldsymbol{p})$ の値は同様に定義されます．このような補間方法により定義された連続関数 $\widehat{f}\colon \mathbb{R}^2 \to \mathbb{R}$ は，もとの集合関数 f が式 (1.1) を満たしていれば，必ず $(0,0)$ と $(1,1)$ を結ぶ直線が谷となるような凸関数となります．これは，式 (1.1) で $S = \{1\}, T = \{2\}$ とすると，$f(\{1\}) + f(\{2\}) \geq f(\{1,2\}) + f(\{\})$ となることなどからも確かめられます．

一般の V の場合については，上記のような補間を $|V|$ 次元空間上で定義したものと捉えることができます．劣モジュラ関数に対し，このような凸関数を生成する補間（凸緩和）を数理的に厳密に定義したものは，**ロヴァース拡張**（**Lovász extension**）と呼ばれ，劣モジュラ性に関連する最も重要な概念の 1 つです．実際，このロヴァース拡張を用いて劣モジュラ性と凸性との関係を厳密に記述することができ，集合関数が劣モジュラ関数である必要十分条件は，そのロヴァース拡張が凸関数であることが知られています．ロ

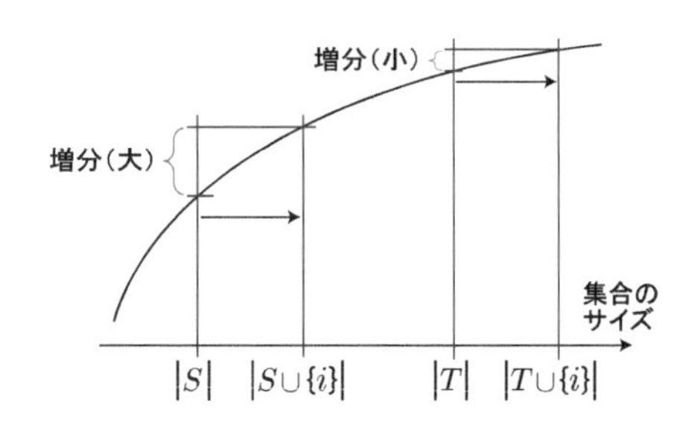

図 1.3　劣モジュラ関数の逓減的性質.

ヴァース拡張については，第 2 章において詳しく説明します.

また，次式で表される劣モジュラ性の定義は，直感的にも理解しやすく，機械学習分野ではよく用いられます．なおこの定義は，定義式 (1.1) と等価であることが示されています（証明の詳細については，第 2 章で説明します）.

$$f(S \cup \{i\}) - f(S) \geq f(T \cup \{i\}) - f(T) \ (\forall S \subseteq T \subseteq V,\ \forall i \in V \setminus T) \quad (1.2)$$

この式の各辺は，S または T の各々へ，i を加えたときの関数値の増分であることがわかります [*5]．つまりこの定義式は，T に包含される「小さい」集合 S へ要素 i $(\in V \setminus T)$ を加えた際の関数値の増え方が，S を包含する「大きい」集合 T へのそれよりも大きくなる，という関数 f の逓減的な性質を表しています（図 1.3）.

情報分野で現れる関数には，このような逓減的な性質をもつ関数が頻繁に見られます．というのも，劣モジュラ関数が表す逓減性は，情報の本質的な性質でもあるからです．直感的には，既知の情報が少ない場合に新しく得られた情報の価値は大きい一方で，すでにより多くのことが既知であれば，同じ情報であってもその価値は比較的小さくなってしまいます．劣モジュラ関数の定義式 (1.2) は，まさにこのような状況を表しているといえます.

1.2.2　劣モジュラ関数の例

これまでに，劣モジュラ性を満たす集合関数は数多く知られていますが，ここではその代表的なものを挙げます．特に重要な関数の詳細な定義や，劣

*5　記号「$\setminus$」は集合の差を表し，$S, T \subseteq V$ について $S \setminus T = \{i : i \in S$ かつ $i \notin T\}$ となります．$S = \{1, 2\}$，$T = \{1, 4, 5\}$ の場合，$S \setminus T = \{2\}$，$T \setminus S = \{4, 5\}$ となります.

モジュラ性の証明などについては，次章において説明します．

まず，任意の n 次元実ベクトル $\boldsymbol{a} \in \mathbb{R}^n$ に対して，

$$f(S) = \begin{cases} \sum_{i \in S} a_i & S \neq \{\} \\ 0 & S = \{\} \end{cases}$$

と定義される集合関数は，劣モジュラ性を満たします（上述の定義式 (1.1) を等号で満たします）．このような関数は**モジュラ関数**（**modular function**）と呼ばれ，特性ベクトル $\boldsymbol{\chi}_S \in \{0,1\}^n$ を用いれば線形関数 $f(S) = \boldsymbol{a}^\top \boldsymbol{\chi}_S$ としても表されるため，最も単純な劣モジュラ関数であるといえます（同時に $-f$ もまた劣モジュラ関数となります）．

任意の無向グラフ $\mathcal{G} = (\mathcal{V}, \mathcal{E})$ が与えられたとき，選択したノード集合（$S \subseteq \mathcal{V}$）とその補集合（$\mathcal{V} \setminus S$）との間の枝の数を返すような関数はカット関数と呼ばれ，劣モジュラ関数であることが知られています（図 1.4（左）も参照）．また，何らかの有限個の要素集合と，それらの一部を各々含むようなグループの集合 V が与えられたとき，選択したグループ $S \subseteq V$ に含まれる要素の数を返すような関数を，カバー関数と呼びます（図 1.4（右）も参照）．カット関数とカバー関数については，第 2 章でもう少し詳細に取り上げて説明します．

また，情報分野などでよく用いられる量である（同時）エントロピーも，変数から成る集合に関する集合関数として見た場合は劣モジュラ性をもっていることが知られています．第 3 章で考えるセンサ配置においては，このエントロピーの性質を用いた定式化について見ていきます．さらに実行列 $\mathbf{M}$

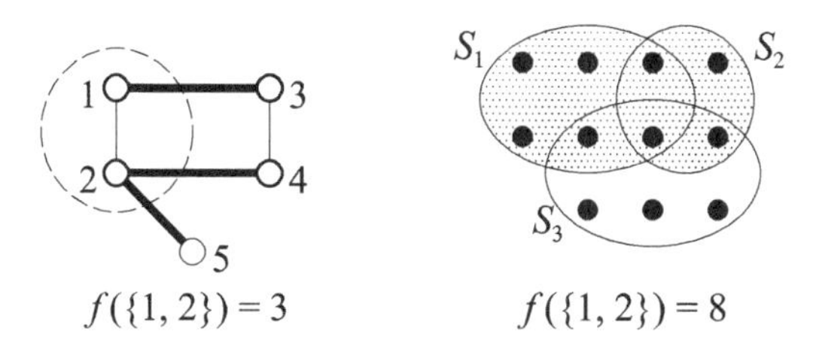

図 1.4 カット関数 (左) とカバー関数 (右).

が与えられたとき，すべての行 V の中から，その一部の行 $S \subseteq V$ を選択したときに得られる部分行列のランクは，劣モジュラ関数であることが知られています．その他にも，相互情報量や情報利得，経済分野における効用関数（優モジュラ関数），正定値対称行列の行列式，凸ゲーム，自乗重相関係数など，様々な情報分野（やその他の周辺分野）における集合関数が劣モジュラ関数であることが知られています．

1.3 機械学習における劣モジュラ性

冒頭で紹介した特徴選択では，予測能力の高い変数の集合を選択することを目的としていました．このような場合の選択される変数集合の価値を表す関数は，一定の統計的な仮定の下で劣モジュラ関数になることが知られています[10]．そのように，この場合の特徴選択は，劣モジュラ関数を最大化する問題として定式化されます．この問題に限らず，劣モジュラ関数は多くの場面で，何らかの効用（あるいは，それに類する大きくなることが望ましい何らかの量）を表します．したがって，選択する集合の効用を最大化するような問題として，劣モジュラ関数を最大化するという定式化に基づく研究が最近多く見られます．このような流れは，2005 年頃のガストリン（Guestrin）やクラウゼ（Krause）らによるセンサ配置問題への適用をきっかけとしてはじまったように思います[21,31]．特徴選択に限らず，能動学習やノンパラメトリック・ベイズ推定，スペクトラル法，グラフ構造の推定などの機械学習の主要なアルゴリズムでの利用であったり，またはグラフマイニングやバイラル・マーケティング，ネットワーク分析などの多様な応用的問題へと適用されてきました．

一方で，劣モジュラ関数は，多くの離散的なデータ構造を表すのに適した関数でもあります．たとえば画像では，背景を表す画素の隣の画素は同じく背景である場合が多く，オブジェクトの隣の画素はオブジェクトである場合が多いでしょう．その境界上でのみ，これと異なる状況が起こります．このような一種の平滑性は，劣モジュラ性と深く関係があります．この関係を用いたアルゴリズムとして，コンピュータ・ビジョン分野ではグラフカットと呼ばれる実用的なアルゴリズムがよく用いられています．また，機械学習を用いる際にはしばしば変数間に構造的な依存関係が存在する場合がありますが，このような関係は，劣モジュラ関数を用いて表現される場合が多いことが知られています．たとえば，変数間に階層関係があるような状況であったり，変数に一種の冗長性があり類似したものが含まれているような状況などが考えられます．そのようなデータ変数間の構造がある程度事前にわかる場合には，これを取り込むことで，より精度が高く解釈が容易な学習が期待できます．機械学習分野では，これを実現する枠組みとして構造正則化というアプローチがさかんに議論されています．構造正則化においても，劣モジュラ関数とデータ変数間の構造との関係を用いて，効率的な最適化アルゴリズムを導出することができます．グラフカットや構造正則化における最適化は，劣モジュラ関数を最小化する問題として記述されます．劣モジュラ関数の最小化は効率的に解けるため，大規模な問題へも適用可能な学習アルゴリズムの導出へとつながります．このような一連の研究も，劣モジュラ関数に関連した機械学習の 1 つの主要な流れでしょう．

1.4　本書で扱う話題

劣モジュラ最適化に関する教科書は，すでに世の中にいくつか出版されています（たとえば，藤重による書籍 [13] など）．しかし，劣モジュラ最適化が，どのように機械学習における問題の定式化やその解法の中で用いられているかについて，まとまって説明したものは本書が初だといっても過言ではないと思います．劣モジュラ最適化自体は，理論的にも極めて深淵なもので，現在でも様々な発展が見られるような領域です．一方で，こういった理論的側面から議論される最適化アルゴリズムの中には，現状では計算量などの観点から，十分に実用的とはいいがたいものが多いことも事実です．本書では特に，機械学習で議論される主要な問題への適用を中心として，現時点でも実用につながると思われる話題を中心に取り上げたいと思います．

第 2 章 劣モジュラ最適化の基礎 ではまず，劣モジュラ関数とその最適化に関する基本的な事項について説明します．劣モジュラ関数の定義や，代表的な劣モジュラ関数における劣モジュラ性の証明，劣モジュラ関数最適化の基本的な考え方や代表的なアルゴリズムなどについて説明します．ここで説明する内容は，あとの部分の基礎になるものですので，ひと通り理解したうえであとの章に進むのが望ましいでしょう.

第 3 章 劣モジュラ関数の最大化と貪欲法の適用 では, 機械学習分野において劣モジュラ最適化が用いられるようになった火つけ役でもある, 劣モジュラ関数の最大化とその応用について見ていきます. この問題は, 1.3 節で述べたように応用上重要な定式化である一方, 理論的にはいわゆる NP 困難な問題の一種で, 効率的に厳密に最適化することは期待できません. しかしながら, 貪欲法という極めて単純な方法でよい近似的な解が見つかることなどが知られています. ここではそのような基本的事項を説明するとともに, 代表的な応用例として, 文書要約とセンサ配置問題, 能動学習への適用について紹介したいと思います.

第 4 章 最大流とグラフカット では, 劣モジュラ関数の最小化が実用的にも用いられている例として, グラフカットについて紹介したいと思います. グラフカットでは, マルコフ確率場と呼ばれるモデルにおける平滑性を, 劣モジュラ性により表現することで, 高速なアルゴリズムの設計を可能としています. 本章ではさらに, グラフカットの劣モジュラ関数の最小化における位置づけや, 高速に最小化計算可能な劣モジュラ関数とはどういうものかということについても考えていきます.

第 5 章 劣モジュラ最適化を用いた構造正則化学習 では, データ変数間の依存関係を機械学習アルゴリズムへ取り込むアプローチである構造正則化学習について取り上げます. このような依存関係は, 多くの場合に劣モジュラ関数を用いて表すことができます. そして劣モジュラ関数として表すことで, 最終的にはパラメトリック最大流と呼ばれる問題の反復的な計算へと帰着することができます. パラメトリック最大流は, 実用的な高速アルゴリズムで計算可能なことが知られています. 本章では, この一連の流れについて見ていきたいと思います.

本書を読み進めるにあたり, 細かい証明や発展的なアルゴリズムなど, 比較的高度な内容に関する節に関しては*印をつけるようにしました. 最初に読む場合は, 難しければ後回しにするなどして読み進めてください.

1.5 利用可能なソフトウェア

ここでは，本書執筆時点で利用可能な，関連する公開ソフトウェアについて紹介します．

まず，本書執筆時点で最も広い範囲についてまとめられたものとして，チューリッヒ工科大学のクラウゼ（Krause）による Matlab の Toolbox[29] が公開されています *6．本 Toolbox には，劣モジュラ関数の最小化／最大化の複数のアルゴリズム，およびいくつかの具体的な劣モジュラ関数などが実装されています．ただし，すべてのコードが Matlab により実装されているため，実行速度はあまり速くはありません．

一般の劣モジュラ関数の最小化に関しては，第 2 章で説明する最小ノルム点アルゴリズムが実用的には最速であることが知られています．このアルゴリズムの C 言語による実装は，藤重のホームページに情報があるようにメールで問い合わせることにより入手可能です *7．また第 4 章でも述べるように，劣モジュラ関数最小化の特殊ケースである有向グラフの最小カット問題（最大流問題）を解くためのソフトウェアは，コルモゴロフ（Kolmogorov）のウェブサイト *8 をはじめ，多くのコンピュータ・ビジョン関連の研究者のウェブサイトから利用できます．

また第 5 章で説明する劣モジュラ関数を用いた構造正則化に関連するものとしては，結合型の正則化に関してはシン（Xin）らによる実装や *9，またより広範囲なものに関しては著者による実装が利用可能です *10．なお，劣モジュラ関数を用いたものでなければ，構造正則化学習のソフトウェアはい

---

*6 http://las.ethz.ch/sfo/

*7 藤重・磯谷の論文 [14] においても用いられている最小ノルム点アルゴリズムの磯谷の C 言語による実装が入手可能です．
http://www.kurims.kyoto-u.ac.jp/~fujishig/index.html

*8 http://pub.ist.ac.at/~vnk/software.html

*9 http://idm.pku.edu.cn/staff/wangyizhou/code/code_fgf1_aai14.rar

*10 http://www.ar.sanken.osaka-u.ac.jp/~kawahara/software.html

くつか利用可能なものが存在します *11.

*11 構造正則化学習のソフトウェアとしてたとえば，マイラル（Mairal）による SPAMS（SPArse Modeling Software）（http://spams-devel.gforge.inria.fr）やリュウ（Liu）らによる SLEP（Sparse Learning with Efficient Projects）（http://yelab.net/software/SLEP/）が利用可能です．

Chapter 2

劣モジュラ最適化の基礎

劣モジュラ関数は，最適化を考えたときの性質のよさと，応用を考えたときの適用範囲の広さをあわせもった関数です．本章では，劣モジュラ最適化の考え方について説明し，劣モジュラ最適化において重要となる基本概念を導入します．さらに，劣モジュラ関数と凸関数の関係についても解説します．

変数が連続的な値をとる場合の最適化において，**凸関数**（**convex function**）と**凹関数**（**concave function**）は重要な役割を果たす概念です．1 変数関数の場合の凸関数，凹関数はそれぞれ図 2.1 の (a)，(b) のようになります．感覚的にいえば，凸関数は「下に出っ張った」ような関数，凹関数は「上に出っ張った」ような関数になっています．凸関数の最小化，つまり最小値をとる点を見つけることや，凹関数の最大化，つまり最大値をとる点を見つけることは直感的に自然な問題であると捉えることができるでしょう．

凸関数と凹関数の数学的な定義を確認しておきましょう．n 変数関数

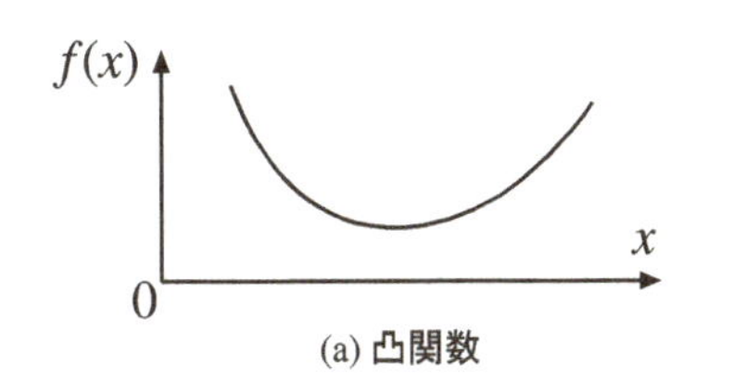

(a) 凸関数

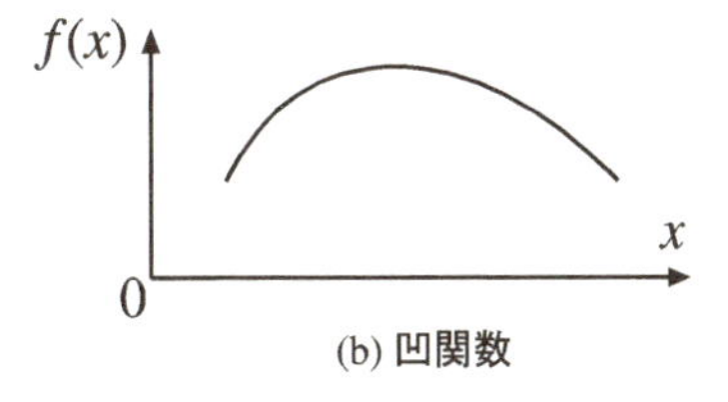

(b) 凹関数

図 2.1　凸関数と凹関数.

$h\colon \mathbb{R}^n \to \mathbb{R}$ が凸関数であるとは，任意のベクトル $\boldsymbol{x}, \boldsymbol{y} \in \mathbb{R}^n$ と $0 \le \alpha \le 1$ を満たす任意の実数 α に対し，次式が成り立つことと定義されます．

$$h(\alpha \boldsymbol{x} + (1-\alpha)\boldsymbol{y}) \le \alpha h(\boldsymbol{x}) + (1-\alpha)h(\boldsymbol{y}) \tag{2.1}$$

また，$-h$ が凸関数のとき h は凹関数と呼ばれます．凸関数や凹関数の定義域は**凸集合**（**convex set**）と呼ばれる集合になっています．凸集合は直感的には穴やへこみのない点集合のことです．凸集合の定義をきちんと述べると，点集合 $C \subseteq \mathbb{R}^n$ が凸集合であるとは，任意のベクトル $\boldsymbol{x}, \boldsymbol{y} \in C$ と $0 \le \alpha \le 1$ を満たす任意の実数 α に対して $\alpha\boldsymbol{x} + (1-\alpha)\boldsymbol{y} \in C$ が成り立つことと定義されます．凸関数を最小化する問題やそれと等価な凹関数を最大化する問題は，連続変数に関する最適化問題としてはとても扱いやすい問題です．

n 次元の 0-1 ベクトル全体の集合は $\{0,1\}^n$ と表記される離散的な領域です．たとえば $\{0,1\}^2 = \{(0,0),\ (0,1),\ (1,0),\ (1,1)\}$ となります [*1]．本書で中心的に扱う劣モジュラ関数は，ある意味で離散領域 $\{0,1\}^n$ の上の凸関数として捉えられる概念です．同時に（とても奇妙ですが）凹関数のような性質もちあわせた関数になっています．劣モジュラ関数の基本的な最適化問題である最小化問題と最大化問題について，直感的かつ大まかにいえば以下のようになります．

- 劣モジュラ関数の背後には凸性があるため，最小化問題は多項式時間で解ける．
- 劣モジュラ関数の最大化問題はほとんどの問題設定において NP 困難ではあるが，劣モジュラ関数の背後には凹性のような性質があるため，かなりよい近似解を多項式時間で計算できる．

ただし劣モジュラ最適化のアルゴリズムにおいて，劣モジュラ関数の凸性や凹性を必ずしも陽に使うわけではない点には注意しておいてください．

劣モジュラ関数は「最適化する際の性質のよさ」と「応用を考えたときの適用範囲の広さ」をあわせもっており，機械学習の分野でも重要な概念となっています．

*1 本章ではベクトルとベクトルの積の演算はほとんど現れません．このためベクトルが列ベクトルか行ベクトルかは重要ではないので，ベクトル $\boldsymbol{x} \in \mathbb{R}^n$ を $\boldsymbol{x} = (x_1, x_2, \ldots, x_n)^\top$ ではなく簡単のため $\boldsymbol{x} = (x_1, x_2, \ldots, x_n)$ と表記することにします．

2.1 劣モジュラ関数の定義と具体例

n 個の要素からなる有限集合 $V = \{1, \ldots, n\}$ を考えましょう．関数 f が V を**台集合**（**ground set**）とする**集合関数**（**set function**）であるとは，関数 f が V の任意の部分集合 $S \subseteq V$ に実数値 $f(S)$ を割り当てるような関数であることと定義され，$f \colon 2^V \to \mathbb{R}$ と表記されます．集合関数の定義域 $2^V = \{S : S \subseteq V\}$ は，第 1 章でも触れたように，n 次元 0-1 ベクトル全体の集合 $\{0,1\}^n$ と自然な形で同一視できます．

集合関数 $f \colon 2^V \to \mathbb{R}$ が**劣モジュラ関数**（**submodular function**）であることの定義は，任意の $S, T \subseteq V$ が次式を満たすことでした．

$$f(S) + f(T) \geq f(S \cup T) + f(S \cap T) \qquad (1.1，再掲)$$

また 1 章でもふれたように，劣モジュラ関数について，定義式 (1.1) とは異なる特徴づけを与えておくと理解を深めるうえでも役に立ちます．集合関数 f について，$S \subseteq T$ を満たす任意の $S, T \subseteq V$ と T に含まれない任意の要素 $i \in V \setminus T$ について，

$$f(S \cup \{i\}) - f(S) \geq f(T \cup \{i\}) - f(T) \qquad (1.2，再掲)$$

が成り立つことが，定義式 (1.1) と等価な劣モジュラ性の特徴づけになっています．式 (1.2) は集合として小さいほど，新しい要素 i を加えたときに生じる関数値の変化量が大きい（厳密には，小さくない）ことを意味しています．この性質から，劣モジュラ関数は限界効用逓減の法則を自然にモデル化していると解釈できます．これらの定義式 (1.1) と (1.2) が等価であることについては 2.1.4 項で証明を与えます．

式 (1.1) や (1.2) によって定義される劣モジュラ関数について，まずは例を通じて理解を深めていきましょう．本節で紹介する関数は，以下の通りです．

- カバー関数（2.1.1 項）
- グラフのカット関数（2.1.2 項）
- 凹関数が生成する関数（2.1.3 項）

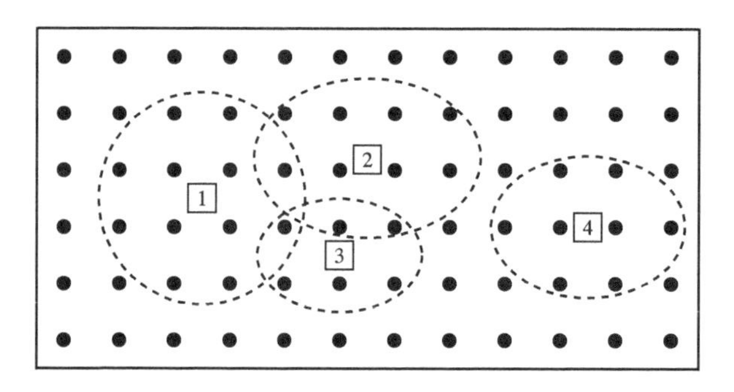

図 2.2 センサ 1,2,3,4 と各センサが感知可能な領域.

これらの関数は，劣モジュラ関数の応用を考えるうえでも重要な役割を果たす関数になっています．

2.1.1 カバー関数

基本的な劣モジュラ関数の 1 つ目の例として，**カバー関数**（**coverage function**）について眺めてみましょう．

ある大学のキャンパス内に n 台のセンサ，センサ 1，センサ 2，...，センサ n が設置されているとします．有限集合 $V = \{1, \ldots, n\}$ はセンサ全体の集合を表すものとします．各 $i \in V$ について，センサ i はスイッチが入っていない OFF の状態か，スイッチが入っている ON の状態の 2 つの状態のみしかとらないと仮定します．さらに，ON の状態の場合に限りセンサ i はその周辺を感知可能な領域としてカバーできるものとします．図 2.2 はセンサ数が 4（つまり $n = 4$）の場合の例を示しています．

このとき，状態が ON であるようなセンサ番号の集合を $S \subseteq V$ として実数値 $f_{\mathrm{cov}}(S)$ を次式により定めます．

$$f_{\mathrm{cov}}(S) = \left(\begin{array}{l} S \text{ に対応するセンサ集合のみが ON} \\ \text{のときにカバーされる領域の面積} \end{array} \right) \tag{2.2}$$

ただし，S が空集合 $\{\}$ のとき，$f_{\mathrm{cov}}(\{\}) = 0$ とします．このように定義される関数 $f_{\mathrm{cov}} : 2^V \to \mathbb{R}$ をカバー関数と呼びます．

図 2.2 の $V = \{1, 2, 3, 4\}$ の場合のカバー関数 $f_{\mathrm{cov}} : 2^V \to \mathbb{R}$ を考えましょう．ただしここではカバーされる面積 $f_{\mathrm{cov}}(S)$ を「カバーされる丸い点

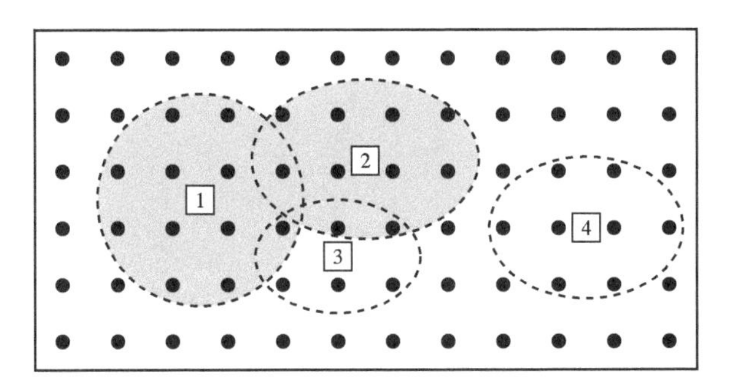

図 2.3 センサ 1 とセンサ 2 によりカバーされる領域.

の個数」として考えます. たとえば S が $\{1\}$, $\{2\}$, $\{1, 2\}$ の場合の $f_{\mathrm{cov}}(S)$ の値はそれぞれ以下のようになります.

- センサ 1 のみ ON $\Rightarrow$ 12 点をカバー $\Rightarrow$ $f_{\mathrm{cov}}(\{1\}) = 12$
- センサ 2 のみ ON $\Rightarrow$ 10 点をカバー $\Rightarrow$ $f_{\mathrm{cov}}(\{2\}) = 10$
- センサ 1, 2 が ON $\Rightarrow$ 21 点をカバー $\Rightarrow$ $f_{\mathrm{cov}}(\{1, 2\}) = 21$

図 2.3 のグレーの領域は, センサ 1, 2 がカバーする領域を示しています.

センサ 1 とセンサ 2 は共通の点をカバーすることから, $f_{\mathrm{cov}}(\{1\}) + f_{\mathrm{cov}}(\{2\}) \neq f_{\mathrm{cov}}(\{1, 2\})$ となるため, 集合関数 f_{cov} について線形性が成り立たないことがわかります. $V = \{1, 2, 3, 4\}$ のとき, V の部分集合は空集合 $\{\}$ や全体集合 V も含めて $2^4 = 16$ 個あります. よってカバー関数 $f_{\mathrm{cov}} \colon 2^V \to \mathbb{R}$ は $2^4 = 16$ 個の部分集合で値が定義されています.

カバー関数 f_{cov} の定義式 (2.2) において面積という言葉を使いましたが, 別の形で定義することもできます. 有限個の点の集合 P と P の n 個の部分集合 $P_1, \ldots, P_n \subseteq P$ が与えられ, さらに各点 $p \in P$ には正の点重み $c_p > 0$ が定まっているとしましょう (各 P_i がセンサ i に対応しています). このとき各 $S \subseteq V := \{1, \ldots, n\}$ について実数値 $f_{\mathrm{cov}}(S)$ を次式で定義します.

$$f_{\mathrm{cov}}(S) = \sum_{p \in \bigcup_{i \in S} P_i} c_p \tag{2.3}$$

簡単な考察より 2 つの定義式 (2.2) と (2.3) が等価であるとわかります.

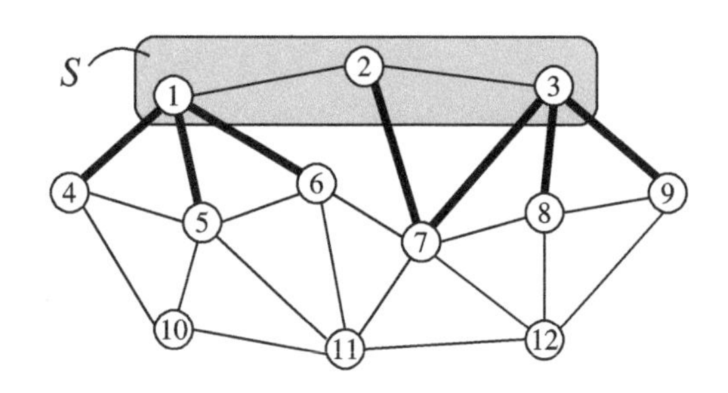

図 2.4 無向グラフ $\overline{\mathcal{G}} = (\mathcal{V}, \overline{\mathcal{E}})$ と枝部分集合 $\delta_{\overline{\mathcal{G}}}(\{1, 2, 3\})$.

カバー関数の劣モジュラ性の証明.

カバー関数 f_{cov} の劣モジュラ性を示しましょう．式 (1.2) が $f = f_{\mathrm{cov}}$ で成り立つことを示すために $S \subseteq T \subseteq V$ かつ $i \in V \setminus T$ とします．ON であるセンサが多ければ多いほど，新しいセンサ i を OFF から ON にする効果が小さくなることは明らかです．この関係を不等式で表現すると次のようになります．

$$f_{\mathrm{cov}}(S \cup \{i\}) - f_{\mathrm{cov}}(S) \geq f_{\mathrm{cov}}(T \cup \{i\}) - f_{\mathrm{cov}}(T)$$

この不等式は，f_{cov} が劣モジュラ関数であることを意味しています． □

2.1.2 グラフのカット関数

ネットワークまたはグラフに関する最適化において，重要な役割を果たす劣モジュラ関数であるグラフの**カット関数**（**cut function**）を導入します．

まずは枝に向きのついていないグラフである**無向グラフ**（**undirected graph**）について考えましょう．n 個の頂点から成る頂点集合 $\mathcal{V} = \{1, \ldots, n\}$ と（向きのない）枝集合 $\overline{\mathcal{E}}$ に関する無向グラフ $\overline{\mathcal{G}} = (\mathcal{V}, \overline{\mathcal{E}})$ が与えられているとします．頂点の部分集合 $S \subseteq \mathcal{V}$ について，枝の端点の一方が S，もう一方の端点が $\mathcal{V} \setminus S$ に含まれるような $\overline{\mathcal{E}}$ の枝部分集合を $\delta_{\overline{\mathcal{G}}}(S)$ で表します．図 2.4 は頂点集合 $\mathcal{V}$ が $\{1, 2, \ldots, 12\}$ であるような無向グラフの例です．頂点部分集合 S を $\{1, 2, 3\}$ としたときの枝部分集合 $\delta_{\overline{\mathcal{G}}}(S)$ は図の太い枝の集合であり，$\delta_{\overline{\mathcal{G}}}(S)$ に含まれる枝数 $|\delta_{\overline{\mathcal{G}}}(S)|$ は 7 です．

無向グラフ $\overline{\mathcal{G}}$ の各枝 $e \in \overline{\mathcal{E}}$ には枝容量と呼ばれる正の値 c_e が定まってい

るものとします．このとき，各頂点部分集合 $S \subseteq \mathcal{V}$ に対し実数値 $f_{\mathrm{cut}}(S)$ を次式で定めます．

$$f_{\mathrm{cut}}(S) = \sum_{e \in \delta_{\overline{\mathcal{G}}}(S)} c_e \tag{2.4}$$

つまり $f_{\mathrm{cut}}(S)$ は S と $\mathcal{V} \setminus S$ にまたがるような枝 e について枝容量 c_e の総和をとったものです．ただし，S が $\{\}$ と $\mathcal{V}$ のときは，$f_{\mathrm{cut}}(\{\}) = f_{\mathrm{cut}}(\mathcal{V}) = 0$ とします．このように定義される集合関数 $f_{\mathrm{cut}}\colon 2^{\mathcal{V}} \to \mathbb{R}$ を無向グラフのカット関数と呼びます．定義よりただちに，各 $S \subseteq \mathcal{V}$ について $f_{\mathrm{cut}}(S) = f_{\mathrm{cut}}(V \setminus S)$ が成り立つことがわかります．

図 2.4 の無向グラフについて，簡単のためすべての枝容量が 1 であるとして，カット関数 $f_{\mathrm{cut}}\colon 2^{\mathcal{V}} \to \mathbb{R}$ を考えてみましょう．このとき，S が $\{1\}$，$\{1, 2\}$，$\{1, 3\}$，$\{1, 2, 3\}$ の場合でカット関数の値 $f_{\mathrm{cut}}(S)$ を求めると以下のようになります．

- $|\delta_{\overline{\mathcal{G}}}(\{1\})| = 4 \quad \Rightarrow \quad f_{\mathrm{cut}}(\{1\}) = 4$
- $|\delta_{\overline{\mathcal{G}}}(\{1, 2\})| = 5 \quad \Rightarrow \quad f_{\mathrm{cut}}(\{1, 2\}) = 5$
- $|\delta_{\overline{\mathcal{G}}}(\{1, 3\})| = 8 \quad \Rightarrow \quad f_{\mathrm{cut}}(\{1, 3\}) = 8$
- $|\delta_{\overline{\mathcal{G}}}(\{1, 2, 3\})| = 7 \quad \Rightarrow \quad f_{\mathrm{cut}}(\{1, 2, 3\}) = 7$

ここで，$f_{\mathrm{cut}}(\{1, 2\}) + f_{\mathrm{cut}}(\{1, 3\}) \geq f_{\mathrm{cut}}(\{1\}) + f_{\mathrm{cut}}(\{1, 2, 3\})$ となっているため，$S = \{1, 2\}$，$T = \{1, 3\}$ としたときに式 (1.1) がカット関数 f_{cut} について成り立つことが確認できます．

続いて，枝に向きのついたグラフである**有向グラフ** (directed graph) についても同様にカット関数を導入しましょう．n 個の頂点から成る頂点集合 $\mathcal{V} = \{1, \ldots, n\}$ と (向きのついた) 枝集合 $\mathcal{E}$ に関する有向グラフ $\mathcal{G} = (\mathcal{V}, \mathcal{E})$ が与えられているとします．頂点の部分集合 $S \subseteq \mathcal{V}$ について，枝の始点が S に，終点が $\mathcal{V} \setminus S$ に含まれるような $\mathcal{E}$ の枝部分集合を $\delta_{\mathcal{G}}^{\mathrm{out}}(S)$ で表すことにします．また，各枝 $e \in \mathcal{E}$ には枝容量 $c_e > 0$ が定まっているものとします．このとき，各頂点部分集合 $S \subseteq \mathcal{V}$ に対し実数値 $f_{\mathrm{dcut}}(S)$ を次式で定めます．

$$f_{\mathrm{dcut}}(S) = \sum_{e \in \delta_{\mathcal{G}}^{\mathrm{out}}(S)} c_e \tag{2.5}$$

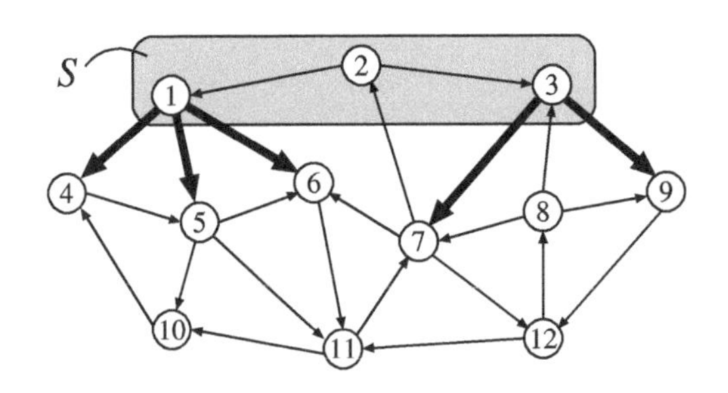

図 2.5 有向グラフ $\mathcal{G} = (\mathcal{V}, \mathcal{E})$ と枝部分集合 $\delta^{\mathrm{out}}_{\mathcal{G}}(\{1, 2, 3\})$.

つまり $f_{\mathrm{dcut}}(S)$ は，S から出て $\mathcal{V} \setminus S$ に入るような枝 e について枝容量 c_e の総和をとったものです．ただし，S が $\{\}$ と $\mathcal{V}$ のときは，$f_{\mathrm{dcut}}(\{\}) = f_{\mathrm{dcut}}(\mathcal{V}) = 0$ とします．このように定義される集合関数 $f_{\mathrm{dcut}}\colon 2^{\mathcal{V}} \to \mathbb{R}$ を有向グラフのカット関数と呼びます．無向グラフの場合と異なり，有向グラフのカット関数については $f_{\mathrm{dcut}}(S)$ と $f_{\mathrm{dcut}}(V \setminus S)$ が等しいとは限らない点に注意しましょう．

図 2.5 は頂点集合 $\mathcal{V}$ が $\{1, 2, \ldots, 12\}$ であるような有向グラフの例と，頂点部分集合 S を $\{1, 2, 3\}$ としたときの枝部分集合 $\delta^{\mathrm{out}}_{\mathcal{G}}(S)$ を示しています．$\delta^{\mathrm{out}}_{\mathcal{G}}(\{1, 2, 3\})$ に枝 $(7, 2)$ と枝 $(8, 3)$ は含まれないことに注意してください．この有向グラフについて，簡単のためすべての枝容量が 1 であるとして，有向グラフのカット関数 $f_{\mathrm{dcut}}\colon 2^{\mathcal{V}} \to \mathbb{R}$ を考えましょう．このとき，$f_{\mathrm{dcut}}(\{1\}) = 3$，$f_{\mathrm{dcut}}(\{1, 2\}) = 4$，$f_{\mathrm{dcut}}(\{1, 3\}) = 5$，$f_{\mathrm{dcut}}(\{1, 2, 3\}) = 5$ となるので，無向グラフの場合と同様に $f_{\mathrm{dcut}}(\{1, 2\}) + f_{\mathrm{dcut}}(\{1, 3\}) \geq f_{\mathrm{dcut}}(\{1\}) + f_{\mathrm{dcut}}(\{1, 2, 3\})$ が成り立ちます．

次のような簡単な考察から，無向グラフのカット関数は有向グラフのカット関数の特殊ケースとして捉えることができます．無向グラフ $\overline{\mathcal{G}}$ が与えられたとき，枝容量 c_e の向きのない枝 $e = \{u, v\}$ について，e を e と同じ枝容量の 2 つの有向枝 $e' = (u, v)$，$e'' = (v, u)$ で置き換えるという操作を $\overline{\mathcal{G}}$ のすべての枝に行うことで新たな有向グラフ $\mathcal{G}$ が得られます．ただし e'，e'' の枝容量はともに c_e とおきます．このとき無向グラフ $\overline{\mathcal{G}}$ のカット関数と有向グラフ $\mathcal{G}$ のカット関数は等しい関数となります．

カット関数の劣モジュラ性の証明.

有向グラフのカット関数 f_{dcut} の劣モジュラ性を示します．無向と有向の関係から，これにより無向グラフのカット関数 f_{cut} の劣モジュラ性も示されます．

任意に与えられた2つの頂点部分集合を $S, T \subseteq \mathcal{V}$ とします．ここで，

$$\mathcal{V}_1 = S \setminus T,\ \mathcal{V}_2 = T \setminus S,\ \mathcal{V}_3 = S \cap T,\ \mathcal{V}_4 = \mathcal{V} \setminus (S \cup T)$$

とおくことで，頂点集合 $\mathcal{V}$ は4つに分割され，$\mathcal{V} = \mathcal{V}_1 \cup \mathcal{V}_2 \cup \mathcal{V}_3 \cup \mathcal{V}_4$ となります．さらに，$S = \mathcal{V}_1 \cup \mathcal{V}_3$，$T = \mathcal{V}_2 \cup \mathcal{V}_3$，$S \cup T = \mathcal{V}_1 \cup \mathcal{V}_2 \cup \mathcal{V}_3$ が成り立ちます．$\mathcal{V}_a$ から出て $\mathcal{V}_b$ に入るようなすべての枝の枝容量の総和を $C_{a,b}$ とおきます．このとき次の4つの式が成り立ちます．

$$\begin{aligned}
f_{\mathrm{dcut}}(S) &= C_{1,2} + C_{1,4} + C_{3,2} + C_{3,4} \\
f_{\mathrm{dcut}}(T) &= C_{2,1} + C_{2,4} + C_{3,1} + C_{3,4} \\
f_{\mathrm{dcut}}(S \cup T) &= C_{1,4} + C_{2,4} + C_{3,4} \\
f_{\mathrm{dcut}}(S \cap T) &= C_{3,1} + C_{3,2} + C_{3,4}
\end{aligned}$$

よって $f_{\mathrm{dcut}}(S) + f_{\mathrm{dcut}}(T) - f_{\mathrm{dcut}}(S \cup T) - f_{\mathrm{dcut}}(S \cap T) = C_{1,2} + C_{2,1} \geq 0$ となり，劣モジュラ関数の定義式 (1.1) が $f = f_{\mathrm{dcut}}$ で成り立ちます． □

2.1.3 凹関数が生成する集合関数

1変数の凹関数によって生成される劣モジュラ関数について説明します *2．このタイプの劣モジュラ関数は構成方法が非常に単純でありながら応用範囲の広い有用な関数です．

h は非負実数集合 $\mathbb{R}_{\geq 0} = \{x \in \mathbb{R} : x \geq 0\}$ を定義域とするような $h(0) = 0$ を満たす凹関数であるとします．**図 2.6** はこのような関数 h を示しています．Δx を正の定数として，x を $x + \Delta x$ に変化させたときの関数値の変化量 $h(x + \Delta x) - h(x)$ を考えると，関数 h の凹性によりこの値は x が大きいほど小さくなる点に注意しましょう．関数 $h(x)$ として，たとえば $\sqrt{x}$，$x(\alpha - x)$，

*2 劣モジュラ性はある意味で n 次元超立方体の端点集合 $\{0, 1\}^n$ 上の凸関数とみなすことができます．1変数の凹関数が生成する集合関数が劣モジュラ関数となることは，実数 $\mathbb{R}$ 上の凹関数が $\{0, 1\}^n$ 上の凸関数を生成することを意味しています．この事実は奇妙に思えるかもしれませんが矛盾はしていません．連続集合 $\mathbb{R}$ は私たちの直感が働く世界であるのに対し，離散集合 $\{0, 1\}^n$ は私たちの直感が通用しない世界といえるのかもしれません．

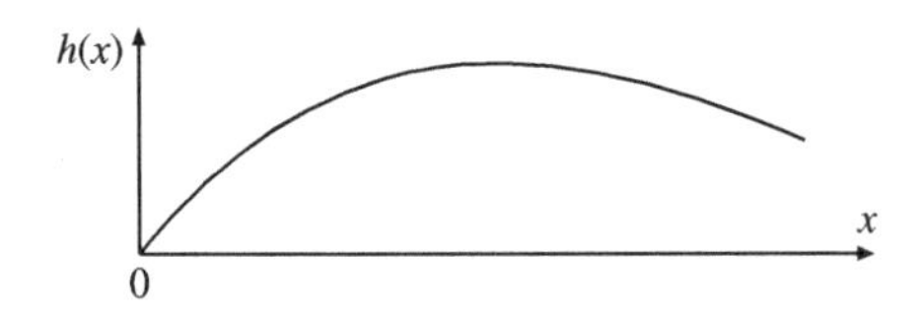

図 2.6 1 変数の凹関数 $h\colon \mathbb{R}_{\geq 0} \to \mathbb{R}$.

$\min\{x, \beta\}$(α, β は定数，$\beta \geq 0$) などが挙げられます．$V = \{1, \ldots, n\}$ として，集合関数 $f_{\mathrm{cnc}}\colon 2^V \to \mathbb{R}$ を各 $S \subseteq V$ について次式で定義します．

$$f_{\mathrm{cnc}}(S) = h(|S|) \tag{2.6}$$

ここで $|S|$ は S に含まれる要素数を表します．また $|S|$ を S のサイズとも呼びます．このようにして凹関数 h が生成する関数 f_{cnc} は劣モジュラ関数となります．

さらに f_{cnc} の重みつき版を考えましょう．$\boldsymbol{w} = (w_1, w_2, \ldots, w_n) \in \mathbb{R}^n_{\geq 0}$ を各成分が非負であるような n 次元の定数ベクトルであるとします．このとき各 $S \subseteq V$ について $f_{\mathrm{wcnc}}(S)$ を次式で定義します．

$$f_{\mathrm{wcnc}}(S) = h(w(S)) \tag{2.7}$$

ただし，$w(S)$ はベクトル $\boldsymbol{w}$ の成分の部分和 $\sum_{i \in S} w_i$ を表すものとします．特に $\boldsymbol{w} = \mathbf{1} = (1, 1, \ldots, 1)$ のときは $w(S) = |S|$ となるため，式 (2.7) は確かに式 (2.6) の重みつき版になっています．集合関数 $f_{\mathrm{wcnc}}\colon 2^V \to \mathbb{R}$ もまた劣モジュラ関数となります．

凹関数が生成する集合関数の劣モジュラ性の証明.

まず関数 f_{cnc} の劣モジュラ性を示すために，$S \subseteq T \subseteq V$ かつ $i \in V \setminus T$ とします．関数 h の凹性から $h(|S \cup \{i\}|) - h(|S|) \geq h(|T \cup \{i\}|) - h(|T|)$ が成り立ち，これは f_{cnc} が劣モジュラ関数であることを意味しています．

続いて関数 $f_{\mathrm{wcnc}}\colon 2^V \to \mathbb{R}$ の劣モジュラ性を示します．任意に与えられた 2 つの部分集合を $S, T \subseteq V$ とし，一般性を失うことなく $w(S) \leq w(T)$ と仮定しましょう．$S \cap T \subseteq S \subseteq S \cup T$ かつ $S \cap T \subseteq T \subseteq S \cup T$ より $\boldsymbol{w}$ の非負性から $w(S \cap T) \leq w(S) \leq w(T) \leq w(S \cup T)$ が成り立ちます．さら

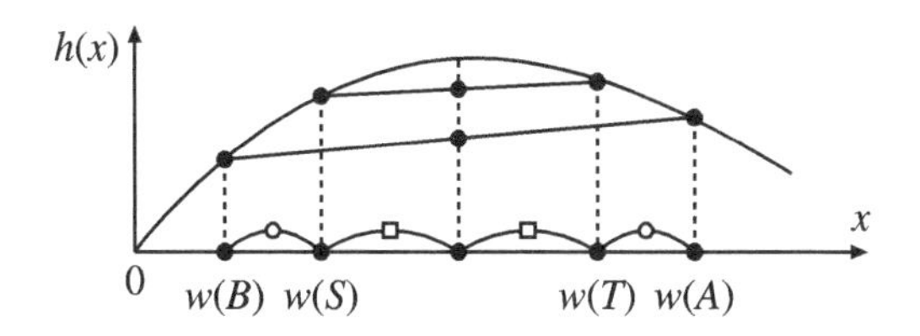

図 2.7　関数 $f_{\rm wcnc}$ の劣モジュラ性（$A = S \cup T$, $B = S \cap T$）.

に定義より $w(S) + w(T) = w(S \cup T) + w(S \cap T)$ が成り立ちます．以上の関係式と関数 h の凹性から,

$$\frac{1}{2}(h(w(S)) + h(w(T))) \geq \frac{1}{2}(h(w(S \cup T)) + h(w(S \cap T))) \tag{2.8}$$

が成り立ちます．図 2.7 は $A = S \cup T$, $B = S \cap T$ として不等式 (2.8) が成り立つことを示しています．不等式 (2.8) と関数 $f_{\rm wcnc}$ の定義より $f_{\rm wcnc}(S) + f_{\rm wcnc}(T) \geq f_{\rm wcnc}(S \cup T) + f_{\rm wcnc}(S \cap T)$ となり，劣モジュラ関数の定義式 (1.1) が $f = f_{\rm wcnc}$ で成り立ちます． □

2.1.4　劣モジュラ性の特徴づけ

ここでは劣モジュラ関数の 2 つの定義式，(1.1) と (1.2) が等価であることを証明します．

式 (1.1) ⇒ 式 (1.2) の証明.

式 (1.1) の成立を仮定します．$S \subseteq T \subseteq V$ かつ $i \in V \setminus T$ として，式 (1.2) が成り立つことを示しましょう．$S' = S \cup \{i\}$, $T' = T$ とおくと式 (1.1) より $f(S') + f(T') \geq f(S' \cup T') + f(S' \cap T')$ となります．この不等式を，$S' \cup T' = T \cup \{i\}$ と $S' \cap T' = S$ を代入することによって変形すると $f(S \cup \{i\}) + f(T) \geq f(T \cup \{i\}) + f(S)$ が成り立ちます．この不等式からただちに式 (1.2)，つまり $f(S \cup \{i\}) - f(S) \geq f(T \cup \{i\}) - f(T)$ が得られます． □

式 (1.2) ⇒ 式 (1.1) の証明.

式 (1.2) の成立を仮定します．$S, T \subseteq V$ として，式 (1.1) が成り立つことを示しましょう．$S \setminus T = \{\}$ の場合，つまり $S \subseteq T$ の場合は式 (1.1) が明らかに成り立つので，$S \setminus T$ は空集合でないものとします．$S \setminus T$ の要素に任

意に番号をつけて $S \setminus T = \{i_1, i_2, \ldots, i_m\}$（ここで $m = |S \setminus T|$）とおき，$S_0 = S \cap T$，$T_0 = T$ として S_k, T_k $(k \in \{1, \ldots, m\})$ を次式で定めます．

$$\begin{aligned} &S_1 = S_0 \cup \{i_1\}, \quad S_2 = S_0 \cup \{i_1, i_2\}, \ \ldots, \quad S_m = S_0 \cup \{i_1, \ldots, i_m\} \\ &T_1 = T \cup \{i_1\}, \quad T_2 = T \cup \{i_1, i_2\}, \ \ldots, \quad T_m = T \cup \{i_1, \ldots, i_m\} \end{aligned}$$

$S_m = S$，$T_m = S \cup T$ に注意しましょう．各 $k \in \{1, \ldots, m\}$ について $S_{k-1} \subseteq T_{k-1}$，$S_k = S_{k-1} \cup \{i_k\}$，かつ $T_k = T_{k-1} \cup \{i_k\}$ より，式 (1.2) から $f(S_k) - f(S_{k-1}) \geq f(T_k) - f(T_{k-1})$ が成り立ち，k に関して不等式の両辺の和をとって整理することで次の不等式が得られます．

$$f(S_m) - f(S_0) \geq f(T_m) - f(T_0)$$

$S_m = S, S_0 = S \cap T, T_m = S \cup T, T_0 = T$ をそれぞれ代入することによって式 (1.1)，つまり $f(S) + f(T) \geq f(S \cup T) + f(S \cap T)$ を得ることができます． □

2.2 劣モジュラ関数の基本性質

本節では劣モジュラ関数に関する最適化を扱ううえで重要となる基本概念について説明します．

2.2.1 様々なタイプの集合関数

劣モジュラ最適化において，現在扱っている関数 f が劣モジュラ性に加えてどのような性質をもっているかは非常に重要です．関数 f のもつ性質によって，厳密に最適化する際の計算効率や近似アルゴリズムが保証できる精度が大きく異なってくることもあります．ここでは劣モジュラ関数をタイプ分けする際に重要となる基本概念について説明します．さらに劣モジュラ関数と関連する概念，優モジュラ関数とモジュラ関数についても定義します．

劣モジュラ関数のタイプ分け

有限集合 $V = \{1, \ldots, n\}$ と集合関数 $f\colon 2^V \to \mathbb{R}$ について，基本的な概念を定義していきましょう．f が**正規化されている**（**normalized**）とは $f(\{\}) = 0$ が成り立つこと，f が**非負**（**nonnegative**）とはすべての $S \subseteq V$

について $f(S) \geq 0$ が成り立つこと，f が**単調**（**monotone**）あるいは**非減少**（**nondecreasing**）とはすべての $S \subseteq T \subseteq V$ について $f(S) \leq f(T)$ が成り立つことであるとそれぞれ定義されます．また，任意の $S \subseteq V$ について $f(V \setminus S) = f(S)$ が成立するとき，f は**対称**（**symmetric**）であるといいます．

劣モジュラ関数 $f\colon 2^V \to \mathbb{R}$ が $f(\{\}) \neq 0$ を満たすときは，各 $S \subseteq V$ について $f(S) - f(\{\})$ を改めて $f(S)$ の値であると定義しなおすことで，f が劣モジュラ関数であるという性質を保ちつつ正規化された関数に置き換えることができます．本書では，ほとんどの場合で正規化された劣モジュラ関数を扱います．正規化された単調な集合関数 $f\colon 2^V \to \mathbb{R}$ の基本的な性質を見てみると，任意の $S \subseteq V$ に対し $0 = f(\{\}) \leq f(S)$ が成り立つため，f は正規化された非負の集合関数になっています．このため，単調性は非負性よりも狭い概念であるといえます．また，正規化された対称な劣モジュラ関数 $f\colon 2^V \to \mathbb{R}$ の性質を見てみると，任意の $S \subseteq V$ に対し $2f(S) = f(S) + f(V \setminus S) \geq f(V) + f(\{\}) = 2f(\{\}) = 0$ となるため，正規化された対称な劣モジュラ関数は必ず非負となることがわかります．

2.1 節で定義した劣モジュラ関数がどのようなタイプの関数になっているか確認してみましょう．式 (2.3) で定義されるカバー関数 f_{cov} は単調な劣モジュラ関数に，式 (2.4) で定義される無向グラフのカット関数 f_{cut} は対称な劣モジュラ関数になっています．その一方で，式 (2.5) で定義される有向グラフのカット関数 f_{dcut} は非負の関数ではありますが，一般に単調でも対称でもありません．また式 (2.6)，(2.7) で定義される，凹関数 $h\colon \mathbb{R}_{\geq 0} \to \mathbb{R}$ が生成する劣モジュラ関数 f_{cnc}，f_{wcnc} は一般には単調でも対称でもありませんが，h の選び方で単調な関数や対称な関数にすることができます．劣モジュラ関数のタイプについてまとめると図 2.8 のようになります．

優モジュラ関数，モジュラ関数

劣モジュラ関数と関連する集合関数である優モジュラ関数とモジュラ関数を定義します．有限集合 $V = \{1, \ldots, n\}$ と集合関数 $g\colon 2^V \to \mathbb{R}$ について，$-g$ が劣モジュラ，つまり任意の $S, T \subseteq V$ に関して $g(S) + g(T) \leq g(S \cup T) + g(S \cap T)$ が満たされるとき，g は**優モジュラ関数**（**supermodular function**）であるといいます．また $g\colon 2^V \to \mathbb{R}$ が劣モジュラかつ優モ

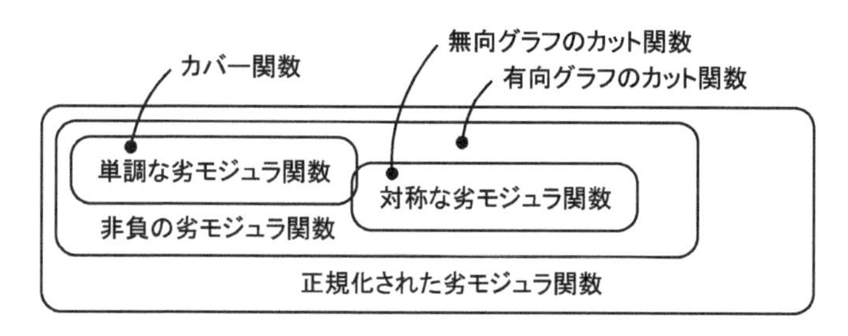

図 2.8　劣モジュラ関数のタイプ.

ジュラ，つまり任意の $S, T \subseteq V$ に関して $g(S)+g(T) = g(S \cup T)+g(S \cap T)$ が満たされるとき，g は**モジュラ関数**（**modular function**）であるといいます.

正規化されたモジュラ関数 $g\colon 2^V \to \mathbb{R}$ について，その性質を見てみましょう．$S, T \subseteq V$ が $S \cap T = \{\}$ を満たすとき，$g(S \cup T) = g(S) + g(T)$ となり加法性が成り立ちます．この性質を繰り返し用いると，各 $i \in V$ について $a_i = g(\{i\})$ とおくことで，任意の $S \subseteq V$ について次式が得られます.

$$g(S) = a(S) := \sum_{i \in S} a_i \tag{2.9}$$

ここで $S = \{\}$ のときは $a(S) = 0$ と定めます．この式 (2.9) は正規化されたモジュラ関数 $g\colon 2^V \to \mathbb{R}$ が n 次元ベクトル $\boldsymbol{a} = (a_1, \ldots, a_n) \in \mathbb{R}^n$ と同一視できることを意味しています．n 次元ベクトル $\boldsymbol{a} \in \mathbb{R}^n$ が与えられたとき，劣モジュラ最適化の文脈では頻繁に $\boldsymbol{a}$ に対応するモジュラ関数 $a\colon 2^V \to \mathbb{R}$ を利用します．ベクトル $\boldsymbol{a} \in \mathbb{R}^n$ の成分の部分和 $\sum_{i \in S} a_i$ を $a(S)$ と表記することは後で頻繁に利用するので覚えておいてください.

2.2.2　劣モジュラ関数の基本操作

劣モジュラ関数などの集合関数が与えられたとき，劣モジュラ性を保つような基本操作を説明します.

和とスカラー倍

まずは和やスカラー倍について，劣モジュラ性を保つ操作を見てみましょう．$f_1, f_2 \colon 2^V \to \mathbb{R}$ を正規化された劣モジュラ関数，$g \colon 2^V \to \mathbb{R}$ を正規化された優モジュラ関数，$a \colon 2^V \to \mathbb{R}$ を正規化されたモジュラ関数，$\alpha \geq 0$ を非負実数とします．このとき劣モジュラ関数の定義から，集合関数 αf_1，$f_1 + f_2$，$f_1 - g$，$f_1 \pm a$ はそれぞれ劣モジュラ関数となることが容易に確認できます．

簡約と縮約

正規化された劣モジュラ関数 $f \colon 2^V \to \mathbb{R}$ について，台集合 $V = \{1, \ldots, n\}$ を小さくする操作である簡約（または制限）と縮約についてそれぞれ説明します．部分集合 $S \subseteq V$ について，S に関する f の**簡約**（**reduction**）または**制限**（**restriction**），$f^S \colon 2^S \to \mathbb{R}$ と，S に関する f の**縮約**（**contraction**），$f_S \colon 2^{V \setminus S} \to \mathbb{R}$ はそれぞれ次式で定義されます．

$$f^S(S') = f(S') \quad (\forall S' \subseteq S) \tag{2.10}$$

$$f_S(S') = f(S' \cup S) - f(S) \quad (\forall S' \subseteq V \setminus S) \tag{2.11}$$

簡約 f^S は f の定義域を S のべき集合に限定することで得られる関数であり，縮約 f_S は f の定義域をいったん S を含む V の部分集合に限定し，さらに個々の部分集合から S を除く変換と関数値から $F(S)$ を引く変換を適用することで，定義域が V–S のべき集合となるよう変換して得られる関数です．これらの関数の劣モジュラ性は明らかです．劣モジュラ関数 f に対して簡約と縮約を繰り返して得られる劣モジュラ関数を f の**マイナー**（**minor**）と呼びます．

$S \subseteq T$ を満たす 2 つの部分集合 $S, T \subseteq V$ について，S を含み，かつ T に含まれるような部分集合のみを扱う場合を考えましょう．このときは，S に関する $f^T \colon 2^T \to \mathbb{R}$ の縮約を f_S^T と表して，f のマイナー $f_S^T \colon 2^{T \setminus S} \to \mathbb{R}$ を考えればよいことになります（関数 f_S^T は $T \setminus S$ に関する $f_S \colon 2^{V \setminus S} \to \mathbb{R}$ の簡約にもなっています）．関数 $f_S^T \colon 2^{T \setminus S} \to \mathbb{R}$ は $f_S^T(S') = f(S' \cup S) - f(S)$ $(\forall S' \subseteq T \setminus S)$ により定まります．

2.3 劣モジュラ最適化の考え方

劣モジュラ最適化問題がどのようなものであるかイメージをつかむためにまず基本的な例として最小カット問題と最大カット問題を眺め，続いて劣モ

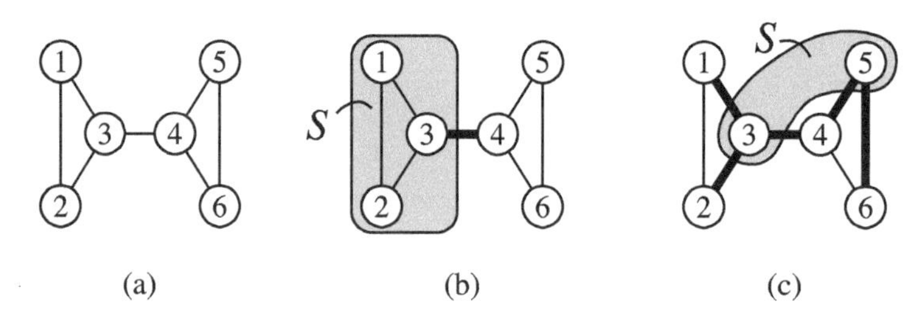

図 2.9 最小カット問題と最大カット問題.

ジュラ最適化の基本形について説明します.

最小カット問題と最大カット問題

各枝に正の枝容量が定まった無向グラフ $\overline{\mathcal{G}} = (\mathcal{V}, \overline{\mathcal{E}})$ が与えられたとき，頂点集合 $\mathcal{V}$ を 2 つに分割することを考えましょう．空集合 $\{\}$ でも全体集合 $\mathcal{V}$ でもない頂点部分集合 $S \in 2^{\mathcal{V}} \setminus \{\{\}, \mathcal{V}\}$ を 1 つ決めると頂点の分割 $(S, \mathcal{V} \setminus S)$ が決まります．このような頂点の分割を**カット**（**cut**）と呼びます．式 (2.4) によって定まるカット関数 $f_{\mathrm{cut}}\colon 2^{\mathcal{V}} \to \mathbb{R}$ について，$f_{\mathrm{cut}}(S)$ を最小化する $S \in 2^{\mathcal{V}} \setminus \{\{\}, \mathcal{V}\}$ を見つける問題を**最小カット問題**（**minimum cut problem**），最大化する $S \in 2^{\mathcal{V}} \setminus \{\{\}, \mathcal{V}\}$ を見つける問題を**最大カット問題**（**maximum cut problem**）と呼びます．

図 2.9 (a) の無向グラフで枝容量がすべて 1 である場合を考えましょう．このとき $f_{\mathrm{cut}}(S)$ の値は S と $\mathcal{V} \setminus S$ の間にまたがる枝の数になります．図 2.9 (b) は最小カット問題の最適な S の例，図 2.9 (c) は最大カット問題の最適な S の例をそれぞれ示しています．

カット関数 f_{cut} の劣モジュラ性より，最小カット問題と最大カット問題は劣モジュラ関数の関係する最適化問題とみなすことができます．最小カット問題を定式化すると次のようになります．

$$
\begin{aligned}
&\text{目的：} \quad \text{無向グラフのカット関数 } f_{\mathrm{cut}}(S) \longrightarrow \text{最小} \\
&\text{制約：} \quad S \in 2^{\mathcal{V}} \setminus \{\{\}, \mathcal{V}\}
\end{aligned}
\tag{2.12}
$$

最小カット問題では S として $\{\}$ と $\mathcal{V}$ を明示的に除く必要があります．同様に最大カット問題を定式化すると次のようになります．

$$
\begin{array}{ll}
\text{目的：} & \text{無向グラフのカット関数 } f_{\mathrm{cut}}(S) \longrightarrow \text{最大} \\
\text{制約：} & S \in 2^{\mathcal{V}}
\end{array}
\tag{2.13}
$$

最大カット問題では S として $\{\}$ と $\mathcal{V}$ を明示的に除かなくても，最大化を考えれば自然とそれらは排除されます．最小カット問題 (2.12) と最大カット問題 (2.13) について，S の選び方は頂点数に関して指数個ありほぼ同じですが，最小カット問題は理論的にうまく解ける問題であり，最大カット問題は理論的にうまく解くことが難しいであろうと考えられている NP 困難な問題であることが知られています[*3]．

f_{cut} を有向グラフのカット関数 f_{dcut} に置き換えることで，有向グラフに対しても最小カット問題と最大カット問題を定義することができます．有向の場合も最小化は理論的にうまく解けて，最大化は NP 困難となります．

劣モジュラ最適化の基本形

一般の劣モジュラ最適化の基本形について説明します．$V = \{1, \ldots, n\}$ とし，$f\colon 2^V \to \mathbb{R}$ を正規化された劣モジュラ関数としましょう．劣モジュラ関数 f に関する最適化，**劣モジュラ最適化**（**submodular optimization**）の問題には様々な形のものがありますが，基本形は以下のようになります．

劣モジュラ最適化の基本形：

$$
\begin{array}{ll}
\text{目的：} & f(S) \longrightarrow \text{最小または最大} \\
\text{制約：} & S \in \mathcal{F} \subseteq 2^V
\end{array}
\tag{2.14}
$$

この式における $\mathcal{F}$ は最適化において考慮する部分集合全体から成る集合族を表しています．問題 (2.14) を言葉で表すと「ある制約を満たす V の部分集合 $S \in \mathcal{F}$ の中で関数値 $f(S)$ を最小化または最大化するものを見つけよ」となります．上述の最小カット問題 (2.12)，最大カット問題 (2.13) はともに (2.14) の形になっていることがわかります．

ここで最適化分野の用語を導入しましょう．最適化すべき対象である f は**目的関数**（**objective function**）と呼ばれます．$\mathcal{F} \subseteq 2^V$ はある制約を満

---

*3 NP 困難性の概念について本書で詳しく述べることはしませんが，ある最適化問題が NP 困難であるからといってその問題が多項式時間では解けないことを意味するのではありません．NP 困難である場合は，「多項式時間では解けそうもないと多くの理論計算機科学者が考えているが本当のところは現状では未解決」というのが正しい理解です．ちなみに NP は Non-deterministic Polynomial time の略であり，Non-Polynomial time の略ではありません．

たす V の部分集合からなる集合族であり**実行可能領域**（**feasible region**）と呼ばれます．実行可能領域 $\mathcal{F}$ に含まれる S は**実行可能解**（**feasible solution**）と呼ばれます．目的関数の値を最適にする実行可能解 $S^* \in \mathcal{F}$ を**最適解**（**optimal solution**）と呼び，このときの目的関数値 $f(S^*)$ を**最適値**（**optimal value**）と呼びます．問題 (2.14) が最小化問題のとき最適解を**最小化元**（**minimizer**），最大化問題のとき，最適解を**最大化元**（**maximizer**）と呼ぶこともあります．

標準形である (2.14) の形をした劣モジュラ最適化問題にも様々なタイプの問題があります．以下の設定の違いによって，問題の意味や応用範囲，そして理論的な難しさは大きく変化します．

- 劣モジュラ関数 f は一般の関数か？ 非負か？ 単調か？ 対称か？ あるいは何らかの構造をもっているか？
- 最小化問題か？ 最大化問題か？
- 制約なし（つまり $\mathcal{F} = 2^V$）か？ 制約ありならどのような制約か？

劣モジュラ関数 f のタイプについて，一般の関数を扱った方が広い範囲の問題を扱えることになります．しかし最適化アルゴリズムの計算時間，近似アルゴリズムの精度，アルゴリズムの実装のしやすさなどを考えたとき，単調性や対称性をもった関数の方がよいアルゴリズムが設計可能であることも多いです．問題自体の一般性とアルゴリズムの性能にはトレードオフがあるため，状況に応じて適切なアルゴリズムを選択する必要があります．

本節では劣モジュラ最適化の中でも特に重要なのものについて解説していきますが，その前に抽象度の高い劣モジュラ最適化問題に対するアルゴリズムを考えるうえで，まず劣モジュラ関数 f がどのように与えられるかを決める必要があります．

劣モジュラ関数の情報とアルゴリズムの計算量

問題 (2.14) のような劣モジュラ最適化問題に対するアルゴリズムを設計するうえで，劣モジュラ関数 f の情報がどのような形で利用可能であるかを決めましょう．本書では特に断らない限り，最も基本的な設定を考え，部分集合 $S \subseteq V$ を 1 つ決めたとき $f(S)$ の値を呼び出すことは 1 回の基本操作であると仮定します．この状況は，**関数値オラクル**（**value oracle**）*4 が与えられているといわれ，関数値オラクルの呼び出しによって $f(S)$ の値が得られるものと考えます．劣モジュラ最適化問題を解くアルゴリズムの計算量を理論的に評価する際には，通常の計算量解析において評価するアルゴリズム内の基本演算（四則演算や比較）の回数とともに，f の関数値呼び出し回数を問題とします．劣モジュラ最適化問題に対するアルゴリズムは，基本演算の回数と関数値呼び出し回数がともに n に関する多項式のオーダーで抑えられる場合に**多項式時間アルゴリズム**（**polynomial-time algorithm**）であるといわれます．劣モジュラ関数 f に関する最適化問題とその問題に対するあるアルゴリズム $\mathcal{A}$ が与えられているとき，$\mathcal{A}$ における関数値オラクルの呼び出し回数が $O(n^a)$，基本演算の回数が $O(n^b)$ であるならば，本書ではアルゴリズム $\mathcal{A}$ の計算量を $O(n^a\mathrm{EO} + n^b)$ と表記します．ここで基本演算 1 回と関数値オラクルの呼び出し 1 回では後者の方が手間がかかると考えるのが妥当なので，$a \geq b$ の場合は単に $O(n^a\mathrm{EO})$ と表記します．

2.3.1 劣モジュラ関数の最小化

劣モジュラ関数最小化の基本問題として，制約なしの劣モジュラ関数最小化問題や対称劣モジュラ関数の最小化問題について説明します．

一般の劣モジュラ関数最小化

最も基本的な劣モジュラ最適化問題の 1 つである，劣モジュラ関数 f の制約なし最小化問題，つまり実行可能領域 $\mathcal{F}$ が 2^V であるような次の形の最小化問題を考えましょう．

$$\begin{aligned} &\text{目的：} \quad f(S) \longrightarrow \text{最小} \\ &\text{制約：} \quad S \subseteq V \end{aligned} \tag{2.15}$$

単に**劣モジュラ関数最小化**（**submodular function minimization**）あるいは**劣モジュラ最小化**（**submodular minimization**）というときは問題 (2.15) のことを指します．問題 (2.15) に対し，単純に 2^n 通りあるすべて

*4　オラクル（oracle）の和訳は「神託」ですが，理論計算機科学や最適化の分野では何らかの決まった計算をしてくれる装置のことを指します．ただしその計算の過程はブラックボックスであるものと仮定します．本書では扱いませんが，微分可能な n 変数連続関数の最適化において，関数値を求めるオラクルだけでなく勾配やヘッセ行列を求めるオラクルを仮定する場合もあります．

の部分集合 $S \subseteq V$ に対して $f(S)$ の値を呼び出して比較することによって f の最小化元を求めることができますが，もちろんこの全探索による方法は指数時間かかり実用的な方法ではありません．劣モジュラ関数 f について，非負性（または単調性や対称性）を仮定した場合には $S = \{\}$ が問題 (2.15) の最適解となるため問題としては意味をもたなくなります．劣モジュラ関数は離散領域の上の凸関数としても捉えることができるため問題 (2.15) は離散版の凸最小化問題の最も基本的なものとみなすことができます．

劣モジュラ関数最小化問題 (2.15) に対しては多項式時間アルゴリズムの存在が知られています*5．ただしそれらは多項式時間アルゴリズムであるとはいえ，計算量が優れたアルゴリズムであっても $O(n^5\mathrm{EO} + n^6)$ などとなり高次の多項式となります．このため，そのままの形で n の大きい問題を実際的な時間で解いてくれるわけではありません．しかしだからといって，劣モジュラ関数最小化をコンピュータで扱うのは困難であろうと悲観的に考えるのは誤りです．劣モジュラ関数の最小化を実際に使うためには以下の点について注意する必要があります．

(1) 劣モジュラ関数の理論は問題の困難性の最低ラインを保証する
(2) 多項式時間アルゴリズムである保証はないが（相対的に）実用的な劣モジュラ関数最小化アルゴリズムがある
(3) 関数 f によっては（理論的にも実用的にも）より高速に最小化問題が解ける

これらについて，順に説明していきます．

まず (1) ですが，劣モジュラ関数は抽象度が高い概念なので幅広い関数を

*5 劣モジュラ関数最小化問題に対する初めての多項式時間アルゴリズムは，1981 年のグレッチェル・ロヴァース・スクライファ（Grötschel, Lovász, Schrijver）による楕円体法（ellipsoid method）という一般的な最適化手法の枠組みを用いたアルゴリズムです[19]．さらに彼らは，1988 年に劣モジュラ関数の凸性を利用した楕円体法に基づく別の多項式時間アルゴリズムを提案しています[20]（厳密にいえば，1981 年のものは弱多項式時間アルゴリズム，1988 年のものは強多項式時間アルゴリズムという違いがあります）．しかし楕円体法に基づいた手法に対する一般論として，線形最適化問題（線形計画問題）に対する楕円体法がそうであるように，実際の計算時間が遅いうえに実装が困難であると考えられています．楕円体法を用いないという意味で組合せ的な多項式時間アルゴリズムについては，1999 年にはじめて岩田・フライシャ（Fleischer）・藤重のグループ[23] とスクライファ（Schrijver）[49] によってほぼ同時にまったく別のアルゴリズムが与えられました（論文の発表年は前者が 2001 年，後者が 2000 年です）．2009 年のオルリン（Orlin）による劣モジュラ関数最小化アルゴリズム[43] が現時点で理論的には最も高速な組合せ的アルゴリズムであり，その計算量は $O(n^5\mathrm{EO} + n^6)$ です．実際にコンピュータに計算させることを考えると，この 5 乗や 6 乗という数字は非常に大きいといえます．また 2015 年にリー・シッドフォード・ワン (Lee, Sidford, Wong) は楕円体法に基づいたアルゴリズムにより，理論的な計算量をさらに改善しています．

扱うことができるという点に注意しましょう．もし仮にあなたが新たな集合関数を導入して，その関数の劣モジュラ性を証明できたとします．その際はただちに劣モジュラ関数の理論の様々な結果を利用できて，たとえば最小化が多項式時間で解けることがわかり，さらにそこを出発点としてアルゴリズムの高速化を考えることもできます．

続いて (2) についてです．実用上は最小ノルム点アルゴリズムと呼ばれる計算時間の多項式性の保証されていない方法が，多くの多項式時間アルゴリズムよりも高速に劣モジュラ関数最小化問題 (2.15) を解くことが知られています．本書では一般の劣モジュラ関数最小化に関する多項式時間アルゴリズムについて解説することはしませんが，最小ノルム点アルゴリズムについては本章の 2.4.3 項で解説します．

最後に (3) についてです．劣モジュラ関数最小化問題の中でも，高速に解けてさらに応用範囲の広い特殊ケースとして最小 s-t カット問題がよく知られています．この問題においては目的関数 f が有向グラフのカット関数のマイナーになっています．最小 s-t カット問題やその拡張については第 4 章で詳しく解説します．また後述するように対称劣モジュラ関数についても最小化問題が一般の場合と比較して高速に解けることが知られています．ただし対称劣モジュラ関数最小化においては，実行可能領域が制約なし最小化問題 (2.15) とは異なる点に注意する必要があります．

対称劣モジュラ関数最小化

対称な劣モジュラ関数については，制約なし最小化問題 (2.15) を考えると自明な解 $\{\}$ と V が最適解になってしまうため最適化問題として意味を成しません．部分集合 $S \subseteq V$ は $\{\}$ や V と異なる場合，**プロパー**（**proper**）であるといわれます．対称劣モジュラ関数の最小化を考える際には実行可能領域をプロパーな部分集合全体である $2^V \setminus \{\{\}, V\}$ とすることによって，次のような意味のある最適化問題が得られます．

$$
\begin{array}{ll}
\text{目的：} & \text{対称な劣モジュラ関数 } f(S) \longrightarrow \text{最小} \\
\text{制約：} & S \in 2^V \setminus \{\{\}, V\}
\end{array}
\tag{2.16}
$$

問題 (2.16) を**対称劣モジュラ関数最小化**（**symmetric submodular function minimization**）と呼びます．容易にわかるように，上述の（無向グラフの）最小カット問題 (2.12) は対称劣モジュラ関数最小化の特殊ケースになっています．

最小カット問題 (2.12) は永持・茨木のアルゴリズム[38]によって多項式時間で効率的に解くことが可能です*6．永持・茨木のアルゴリズムを一般化することによって，1998 年にキラーン（Queyranne）は対称劣モジュラ関数最小化問題 (2.16) に対する計算量 $O(n^3\mathrm{EO})$ のアルゴリズムを提案しています[45]．一般の劣モジュラ関数最小化アルゴリズムの計算量と比較して，キラーンのアルゴリズムの計算量がかなりよいことがわかるでしょう．

2.3.2 劣モジュラ関数の最大化

最小化の場合と異なり，劣モジュラ関数の最大化問題は制約なしの場合であっても NP 困難な最適化問題となります．しかし同時に，いくつかのタイプの最大化問題についてはかなりよい近似アルゴリズムが存在することも知られています．ここでは劣モジュラ関数最大化の基本問題として，単調劣モジュラ関数の要素数制約付き最大化問題と非負劣モジュラ関数の制約なし最大化問題について説明します．特に単調劣モジュラ関数の最大化については，第 3 章でまた扱います．

単調な劣モジュラ関数の最大化

劣モジュラ関数の最大化問題の中で最も歴史が古く同時に応用範囲が広い問題は，単調な劣モジュラ関数を要素数制約の下で最大化する問題です．k を n 以下の自然数とし，実行可能領域を要素数 $|S|$ が k 以下の部分集合 $S \subseteq V$ 全体である $\{S \subseteq V : |S| \leq k\}$ として次のような単調劣モジュラ関数最大化問題を考えましょう．

$$\begin{array}{ll} \text{目的：} & \text{単調な劣モジュラ関数 } f(S) \longrightarrow \text{最大} \\ \text{制約：} & S \subseteq V, \quad |S| \leq k \end{array} \tag{2.17}$$

慣例として，問題 (2.17) のことを単に**劣モジュラ関数最大化**（**submodular function minimization**）あるいは**劣モジュラ最大化**（**submodular**

---

*6 無向グラフの最小カット問題 (2.12) は，第 4 章で扱う最小 s-t カット問題のアルゴリズムを用いて，最小カットの計算を $n-1$ 回だけ実行すれば解くことができます．永持・茨木のアルゴリズム（1992 年）はこの最小 s-t カットを繰り返し解く方法より高速なアルゴリズムとなっています．

minimization）と呼ぶことも多いです *7. 問題 (2.17) は NP 困難な最適化問題です.

第 3 章では劣モジュラ最大化 (2.17) とその応用について重点的に扱います. 1978 年にネムハウザー, ウォルジー, フィッシャー（Nemhauser, Wolsey, Fisher）により提案されたシンプルかつ高速な貪欲法が問題 (2.17) に対する 0.63-近似アルゴリズムになることが知られています[41]. つまり, 貪欲法によって問題 (2.17) の最適値の 0.63 倍以上の目的関数値を達成する実行可能解を多項式時間で得られます. 貪欲法について, 詳細は第 3 章を参照してください.

非負の劣モジュラ関数の最大化

目的関数 f を非負の劣モジュラ関数として, 次のような制約なし最大化問題を考えましょう.

$$\begin{array}{ll} \text{目的：} & \text{非負の劣モジュラ関数}\ f(S) \longrightarrow \text{最大} \\ \text{制約：} & S \subseteq V \end{array} \tag{2.18}$$

問題 (2.18) は上述の最大カット問題 (2.13) を含んでおり, NP 困難な最適化問題です. 最大カット問題 (2.13) に対してはゴーマンス（Goemans）とウィリアムソン（Williamson）による半正定値計画問題に基づいた 0.878-近似アルゴリズムがよく知られています[16]. より一般的な問題 (2.18) に対しては, 2012 年にブッフビンダーら（Buchbinder, Feldman, Naor, Schwartz）が乱数を使用した 0.5-近似アルゴリズムを与えています[6].

2.4 劣モジュラ最適化と多面体

$V = \{1, \ldots, n\}$ とし, $f : 2^V \to \mathbb{R}$ を正規化された劣モジュラ関数とします. 関数 f によって 2 つの多面体, 劣モジュラ多面体 $\mathrm{P}(f) \subseteq \mathbb{R}^n$ と基多面体 $\mathrm{B}(f) \subseteq \mathbb{R}^n$ が定義されます. 劣モジュラ関数最小化問題 (2.15) や劣モジュラ関数の凸性について議論するためには, これらの多面体は重要な役割を果たします. 本節では劣モジュラ関数最小化問題 (2.15) に対する, 基多面

*7 問題 (2.17) のことを単に劣モジュラ最大化と呼ぶには f の単調性に要素数制約と少々条件が多いと感じるかもしれませんが, それだけ問題 (2.17) が応用範囲の広い最適化問題であるといえます.

体 $\mathrm{B}(f)$ の最小ノルム点を利用したアルゴリズムについても解説します．

2.4.1 劣モジュラ多面体と基多面体

$\boldsymbol{x} = (x_1, \ldots, x_n) \in \mathbb{R}^n$ を n 次元の変数ベクトルとします．各部分集合 $S \subseteq V$ について，次の不等式を対応させます．

$$x(S) \leq f(S) \tag{2.19}$$

ここで $x(S) = \sum_{i \in S} x_i$ と表記することを思い出しましょう．$S = \{\}$ のとき不等式 (2.19) は $0 \leq 0$ となり意味をなさないので，式 (2.19) の形の意味のある不等式は $2^n - 1$ 個あります．**劣モジュラ多面体**（**submodular polyhedron**）$\mathrm{P}(f) \subseteq \mathbb{R}^n$ は (2.19) の形の $2^n - 1$ 個の不等式をすべて満たす $\boldsymbol{x} \in \mathbb{R}^n$ 全体の集合として定義します．さらに**基多面体**（**base polyhedron**）$\mathrm{B}(f) \subseteq \mathbb{R}^n$ は $\boldsymbol{x} \in \mathrm{P}(f)$ で $x(V) = f(V)$ を満たすものとして定義します *8．つまり劣モジュラ多面体 $\mathrm{P}(f)$ と基多面体 $\mathrm{B}(f)$ は次式のように表されます．

$$\mathrm{P}(f) = \{\boldsymbol{x} \in \mathbb{R}^n : x(S) \leq f(S)\ (\forall S \subseteq V)\} \tag{2.20}$$

$$\mathrm{B}(f) = \{\boldsymbol{x} \in \mathrm{P}(f) : x(V) = f(V)\} \tag{2.21}$$

次元 n の値が小さい場合の $\mathrm{P}(f)$ と $\mathrm{B}(f)$ について眺めてみましょう．

$n = 2$ の場合の劣モジュラ多面体と基多面体

$V = \{1, 2\}$ のとき，劣モジュラ多面体 $\mathrm{P}(f) \subseteq \mathbb{R}^2$ は 3 つの不等式によって定まる多面体，基多面体 $\mathrm{B}(f) \subseteq \mathbb{R}^2$ は 2 つの不等式と 1 つの等式によって定まる多面体であり次式で定まります．

$$\mathrm{P}(f) = \{\boldsymbol{x} \in \mathbb{R}^2 : x_1 \leq f(\{1\}),\ x_2 \leq f(\{2\}),\ x_1 + x_2 \leq f(\{1,2\})\}$$

$$\mathrm{B}(f) = \{\boldsymbol{x} \in \mathbb{R}^2 : x_1 \leq f(\{1\}),\ x_2 \leq f(\{2\}),\ x_1 + x_2 = f(\{1,2\})\}$$

図 2.10 は $f(\{1\}) = 4$，$f(\{2\}) = 3$，$f(\{1,2\}) = 5$ を満たす場合の $\mathrm{P}(f)$ と

---

*8 本書では n 次元空間において多面体という言葉を有限個の閉半空間の共通部分という意味で使っています．英語では有界とは限らない多面体を polyhedron，有界な多面体を polytope というように呼び分けることがあります．劣モジュラ関数 $f : 2^V \to \mathbb{R}$ が定める基多面体は有界な多面体なので base polyhedron ではなく base polytope と呼ばれることもあります．

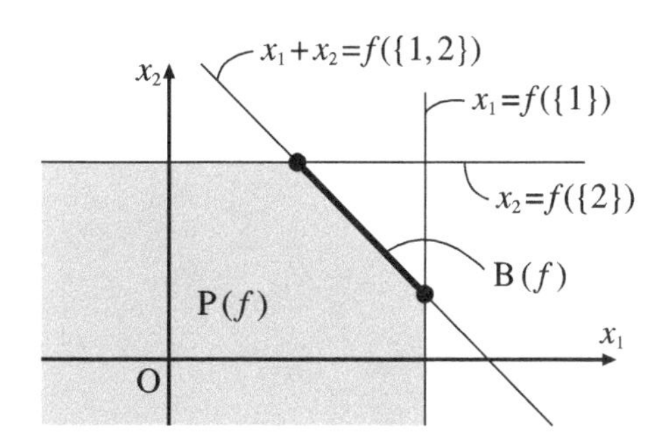

図 2.10 劣モジュラ多面体と基多面体 ($n=2$).

B(f) を示しています．劣モジュラ多面体 P(f) は有界でない多面体，基多面体 B(f) は有界な多面体になっています．ベクトルに関する不等号 $\leq$ を，各成分に対し不等号が成り立つものとして定義すると，P(f) の $\leq$ に関する極大集合の全体は B(f) と一致しています．これらは一般の場合でも成り立つ性質です．

$n=3$ の場合の劣モジュラ多面体と基多面体

$V=\{1,2,3\}$ のとき，劣モジュラ多面体 $\mathrm{P}(f)\subseteq\mathbb{R}^3$ は 7 つの不等式

$$x_1\leq f(\{1\}),\quad x_2\leq f(\{2\}),\quad x_3\leq f(\{3\}),$$
$$x_1+x_2\leq f(\{1,2\}),\quad x_1+x_3\leq f(\{1,3\}),\quad x_2+x_3\leq f(\{2,3\}),$$
$$x_1+x_2+x_3\leq f(\{1,2,3\})$$

をすべてを満たすような 3 次元ベクトル $\boldsymbol{x}=(x_1,x_2,x_3)\in\mathbb{R}^3$ の集合となり，基多面体は $\mathrm{B}(f)\subseteq\mathbb{R}^3$ は，$(x_1,x_2,x_3)\in\mathrm{P}(f)$ かつ $x_1+x_2+x_3=f(\{1,2,3\})$ を満たすような 3 次元ベクトル全体の集合となります．**図 2.11** は $n=3$ の場合の P(f) と B(f) を示しています．

劣モジュラ多面体と基多面体の性質

劣モジュラ多面体 P(f) と基多面体 B(f) の性質について簡単に説明します．基多面体 B(f) が空集合とならないことや，任意の $S\in 2^V\setminus\{\{\}\}$ に対して超平面 $x(S)=f(S)$ が B(f) の支持超平面となること，つまり超平面

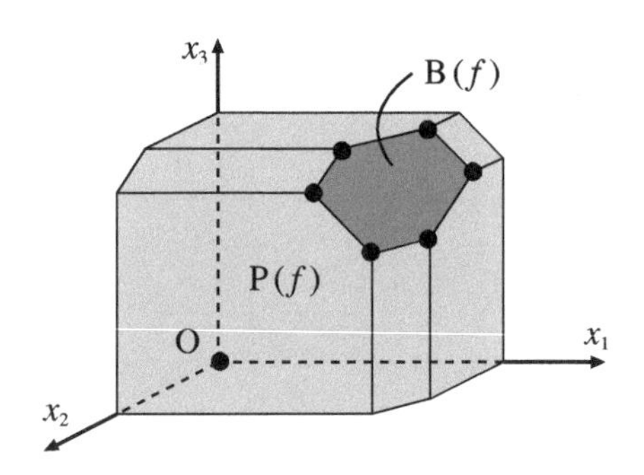

図 2.11　劣モジュラ多面体と基多面体（$n = 3$）.

$x(S) = f(S)$ と $\mathrm{B}(f)$ が共有点をもつことなどの性質については 2.4.2 項において説明します.

ここでは $\mathrm{B}(f)$ と $\mathrm{P}(f)$ の有界性・非有界性を議論しましょう．基多面体 $\mathrm{B}(f)$ が有界であることを確認します．任意の $\boldsymbol{x} \in \mathrm{B}(f)$ と $i \in V$ について，$x_i \leq f(\{i\})$，$x(V \setminus \{i\}) \leq f(V \setminus \{i\})$，かつ $x(V) = f(V)$ より，

$$f(V) - f(V \setminus \{i\}) \leq x_i \leq f(\{i\})$$

が成り立ちます．これは基多面体 $\mathrm{B}(f)$ が有界であることを意味しています．続いて劣モジュラ多面体 $\mathrm{P}(f)$ の非有界性について確認します．任意の $\boldsymbol{x} \in \mathrm{P}(f)$ に対し，$\boldsymbol{x}' \leq \boldsymbol{x}$ を満たす任意の $\boldsymbol{x}' \in \mathbb{R}^n$ をとります．このとき，$x'(S) \leq x(S) \leq f(S)$ $(\forall S \subseteq V)$ より，$\boldsymbol{x}' \in \mathrm{P}(f)$ が成り立つことから，$\mathrm{P}(f)$ は非有界となります.

2.4.2　基多面体の端点

多面体 $P \subseteq \mathbb{R}^n$ について，点 $\boldsymbol{x} \in P$ が端点（**extreme point**）であるとは，$\boldsymbol{y}, \boldsymbol{z} \in P$ かつ $\boldsymbol{y} \neq \boldsymbol{z}$ を満たすどのような 2 点についても $\boldsymbol{x}$ が $\boldsymbol{y}, \boldsymbol{z}$ の中点として表されないことと定義されます．多面体 P が有界であるとき，P の端点集合の凸包（P の端点集合を含む最小の凸集合）と P 自身が一致します.

基多面体 $\mathrm{B}(f)$ は劣モジュラ多面体 $\mathrm{P}(f)$ の部分集合ですが，一般に $\mathrm{B}(f)$ と $\mathrm{P}(f)$ の端点集合は一致します．図 2.10 の $n = 2$ の場合の基多面体 $\mathrm{B}(f)$

は端点を 2 個もち，**図 2.11** の $n=3$ の場合の基多面体 $\mathrm{B}(f)$ は端点を 6 個もちます．基多面体 $\mathrm{B}(f) \subseteq \mathbb{R}^n$ の端点について，その線形順序による特徴づけについて説明し，さらにその結果に基づいた基多面体や劣モジュラ多面体上の線形最適化問題の解法について解説します．

基多面体の端点と線形順序

$\mathbb{R}^n$ の n 個の成分番号集合 $V=\{1,\ldots,n\}$ を並べ替えることによってできる**線形順序**（**linear ordering**）$L=(i_1,\ldots,i_n)$ の選び方は $n!$ 通りありま

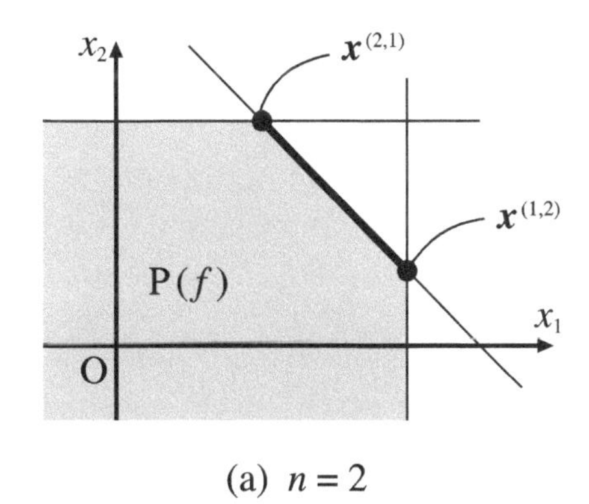

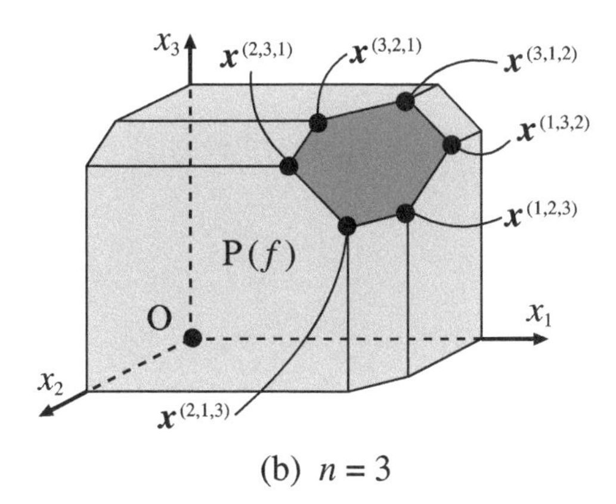

図 2.12 基多面体の端点と線形順序．

す．たとえば $n=2$ のとき線形順序は $(1,2)$ と $(2,1)$ の $2!=2$ 通り，$n=3$ のとき線形順序は $(1,2,3)$，$(1,3,2)$，$(2,1,3)$，$(2,3,1)$，$(3,1,2)$，$(3,2,1)$ の $3!=6$ 通りです．V の線形順序 L を 1 つ定めると，L に対応する基多面体 $\mathrm{B}(f)$ の端点 $\boldsymbol{x}^L=(x_1^L,\ldots,x_n^L)\in\mathbb{R}^n$ を定めることができます．**図 2.10**，**図 2.11** の基多面体の各端点と線形順序の関係を示すと**図 2.12** のようになります．

線形順序 L と端点 $\boldsymbol{x}^L$ はエドモンズ（Edmonds）によって 1970 年に提案された基多面体（または劣モジュラ多面体）に関する**貪欲法**（**greedy algorithm**）[12] により対応づけられます *9．この貪欲法について，まずは図形的なアルゴリズムを説明し（アルゴリズム 2.1），その後で等式のみを用いた同じアルゴリズムの別の表現を与えます（アルゴリズム 2.2）．

線形順序 $L=(i_1,\ldots,i_n)$ に対応する $\mathrm{B}(f)$ の端点 $\boldsymbol{x}^L\in\mathbb{R}^n$ の構成方法である貪欲法について，図形的に表現すると以下のように記述されます．

アルゴリズム 2.1　端点 $\boldsymbol{x}^L\in\mathbb{R}^n$ を生成する貪欲法　その 1

0. $\mathrm{P}(f)$ 内の各成分が十分小さい点を $\boldsymbol{x}^0\in\mathrm{P}(f)\subseteq\mathbb{R}^n$ とする．
1. $\mathrm{P}(f)$ 内で $\boldsymbol{x}^0$ の第 i_1 成分を最大化し得られる点を $\boldsymbol{x}^1$ とする．
2. $\mathrm{P}(f)$ 内で $\boldsymbol{x}^1$ の第 i_2 成分を最大化し得られる点を $\boldsymbol{x}^2$ とする．

$\vdots$

j. $\mathrm{P}(f)$ 内で $\boldsymbol{x}^{j-1}$ の第 i_j 成分を最大化し得られる点を $\boldsymbol{x}^j$ とする．

$\vdots$

n. $\mathrm{P}(f)$ 内で $\boldsymbol{x}^{n-1}$ の第 i_n 成分を最大化した点を $\boldsymbol{x}^n\in\mathrm{P}(f)$ とする．
最終的に $\boldsymbol{x}^n$ を $\boldsymbol{x}^L$ として出力する．

このアルゴリズム 2.1 では，適当な点 $\boldsymbol{x}^0$ からスタートして $\mathrm{P}(f)$ 内で $i_1,\ldots,i_n$ の順に各成分を成分ごとに大きくしていくことを繰り返して得られる点を $\boldsymbol{x}^L$ としており，最終的に得られる $\boldsymbol{x}^L$ は必ず基多面体 $\mathrm{B}(f)$ の端

*9　ここでの基多面体に関する貪欲法と，第 3 章で扱う単調劣モジュラ関数最大化問題に対する貪欲法はまったくの別物であることに注意してください．

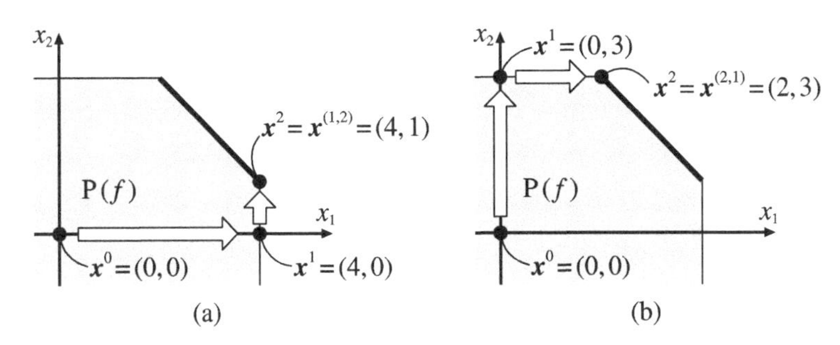

図 2.13　基多面体の端点 $\boldsymbol{x}^{(1,2)}$，$\boldsymbol{x}^{(2,1)}$ の計算手順.

点となることが保証されます．またステップ 0 で選ぶ $\boldsymbol{x}^0$ は基多面体の任意の点 $\boldsymbol{x} \in \mathrm{B}(f)$ に対し $\boldsymbol{x}^0 \leq \boldsymbol{x}$ を満たす必要があります.

アルゴリズム 2.1 の計算過程を具体的にみるために，**図 2.10** の例で線形順序 $L = (1,2)$ について対応する端点 $\boldsymbol{x}^L = \boldsymbol{x}^{(1,2)}$ をアルゴリズム 2.1 によって計算してみましょう．$n = 2$ より，アルゴリズムはステップ 0 からステップ 2 までで構成されます.

[**ステップ 0**]　たとえば $\boldsymbol{x}^0 = (0,0)$ とおく.

[**ステップ 1**]　$\mathrm{P}(f)$ 内で第 1 成分を最大化するので $\boldsymbol{x}^1 = (4,0)$.

[**ステップ 2**]　$\mathrm{P}(f)$ 内で第 2 成分を最大化して $\boldsymbol{x}^2 = \boldsymbol{x}^{(1,2)} = (4,1)$.

図 2.13 (a) はこの端点 $\boldsymbol{x}^{(1,2)} = (4,1)$ の計算手順の様子を表しています．まったく同様に計算することで $\boldsymbol{x}^{(2,1)} = (2,3)$ が得られます（**図 2.13** (b)).

基多面体の任意の端点 $\boldsymbol{x}^{\mathrm{ex}}$ について，ある V の線形順序 L が存在して $\boldsymbol{x}^{\mathrm{ex}} = \boldsymbol{x}^L$ となることも保証されます．ただし異なる V の線形順序が同一の点に対応することもあります．このため一般には基多面体の端点がちょうど $n!$ 個あるとは限りません.

アルゴリズム 2.1 では基多面体 $\mathrm{B}(f)$ の端点 $\boldsymbol{x}^L = \boldsymbol{x}^{(i_1,\ldots,i_n)} \in \mathbb{R}^n$ の作り方である貪欲法について図形的に解釈しましたが，この $\boldsymbol{x}^L$ は実は等式のみを用いてシンプルに表現することができます．線形順序 $L = (i_1, \ldots, i_n)$ と $1 \leq j \leq n$ について，L の最初の j 個の要素からなる V の部分集合を $L(j)$ とおきましょう．つまり $L(j) = \{i_1, \ldots, i_j\} \subseteq V$ となります．さ

らに $L(0) = \{\}$ と定めます．このとき，アルゴリズム 2.1 で得られる端点 $\boldsymbol{x}^L = (x_1^L, \ldots, x_n^L)$ の第 i_j 成分は次式で表されます．

$$x_{i_j}^L = f(L(j)) - f(L(j-1)) \quad (j = 1, \ldots, n) \tag{2.22}$$

ここで $\{i_1, \ldots, i_n\}$ と $V = \{1, \ldots, n\}$ は集合として一致するので，式 (2.22) によって n 次元ベクトル $\boldsymbol{x}^L = (x_1^L, \ldots, x_n^L)$ がきちんと定義されていることに注意しましょう．

以上の議論をまとめることで，基多面体に関する貪欲法は以下の形でも表すことができます．

アルゴリズム 2.2　端点 $\boldsymbol{x}^L \in \mathbb{R}^n$ を生成する貪欲法　その 2

1. $L = (i_1, \ldots, i_n)$ とし，$L(j) = \{i_1, \ldots, i_j\}$ $(j = 1, \ldots, n)$，$L(0) = \{\}$ と定める．
2. $\boldsymbol{x}^L = (x_1^L, \ldots, x_n^L)$ で第 i_j 成分 $x_{i_j}^L$ を

$$x_{i_j}^L = f(L(j)) - f(L(j-1)) \quad (j = 1, \ldots, n)$$

としたものを出力する．

アルゴリズム 2.1 とアルゴリズム 2.2 は見かけは異なりますが，得られる $\boldsymbol{x}^L$ は一致します．式 (2.22) により，線形順序 L に対応する基多面体 $\mathrm{B}(f)$ の端点 $\boldsymbol{x}^L$ は $f(L(1)), \ldots, f(L(n))$ の n 個の関数値を呼び出すことで容易に計算することができます．よって線形順序 L が与えられたとき，端点 $\boldsymbol{x}^L$ を求める貪欲法の計算量は $O(n\mathrm{EO})$ となります．

アルゴリズム 2.1 とアルゴリズム 2.2 が実際に同じ端点を出力するのか確認してみましょう．$n = 2$ の場合，アルゴリズム 2.2 を用いて計算した 2 つの端点 $\boldsymbol{x}^{(1,2)}$, $\boldsymbol{x}^{(2,1)}$ の式は次のようになります．

$$\boldsymbol{x}^{(1,2)} = (f(\{1\}),\ f(\{1,2\}) - f(\{1\}))$$
$$\boldsymbol{x}^{(2,1)} = (f(\{1,2\}) - f(\{2\}),\ f(\{2\}))$$

これらの $\boldsymbol{x}^{(1,2)}$, $\boldsymbol{x}^{(2,1)}$ の式は図形的な手順であるアルゴリズム 2.1 で計算した**図 2.13** で得られた結果と合致していることが確認できます．また $n=3$ の場合，アルゴリズム 2.2 を用いて計算した $3!=6$ 個の $\boldsymbol{x}^L$ の式は次のようになります．

$$
\begin{aligned}
\boldsymbol{x}^{(1,2,3)} &= (f(\{1\}),\ f(\{1,2\})-f(\{1\}),\ f(\{1,2,3\})-f(\{1,2\}))\\
\boldsymbol{x}^{(1,3,2)} &= (f(\{1\}),\ f(\{1,2,3\})-f(\{1,3\}),\ f(\{1,3\})-f(\{1\}))\\
\boldsymbol{x}^{(2,1,3)} &= (f(\{1,2\})-f(\{2\}),\ f(\{2\}),\ f(\{1,2,3\})-f(\{1,2\}))\\
\boldsymbol{x}^{(2,3,1)} &= (f(\{1,2,3\})-f(\{2,3\}),\ f(\{2\}),\ f(\{2,3\})-f(\{2\}))\\
\boldsymbol{x}^{(3,1,2)} &= (f(\{1,3\})-f(\{3\}),\ f(\{1,2,3\})-f(\{1,3\}),\ f(\{3\}))\\
\boldsymbol{x}^{(3,2,1)} &= (f(\{1,2,3\})-f(\{2,3\}),\ f(\{2,3\})-f(\{3\}),\ f(\{3\}))
\end{aligned}
$$

図 2.12 を観察することで，$n=3$ の場合も図形的な手順であるアルゴリズム 2.1 で得られる点とアルゴリズム 2.2 を用いて得られる点が一致することが確認できます．

$\mathrm{B}(f)$ の任意の端点 $\boldsymbol{x}^{\mathrm{ex}}$ についてある線形順序 L が存在して $\boldsymbol{x}^{\mathrm{ex}}=\boldsymbol{x}^L$ と表されること，$\mathrm{B}(f)$ のすべての端点の凸包と $\mathrm{B}(f)$ が一致すること，そしてすべての線形順序 L について式 (2.22) が成立することを用いると，正規化された劣モジュラ関数 f について $\mathrm{B}(f)$ が非負象限に含まれるための必要十分条件は f が単調であることだとわかります．

基多面体上の線形最適化

$\boldsymbol{c}=(c_1,\ldots,c_n)\in\mathbb{R}^n$ を n 次元の定数ベクトルとします．基多面体の点 $\boldsymbol{x}=(x_1,\ldots,x_n)\in\mathrm{B}(f)$ の中で，線形関数 $\langle\boldsymbol{c},\boldsymbol{x}\rangle=\sum_{i=1}^{n}c_ix_i$ を最大化するような次の問題を考えましょう．

$$
\begin{aligned}
&\text{目的：}\quad \langle\boldsymbol{c},\boldsymbol{x}\rangle \longrightarrow \text{最大}\\
&\text{制約：}\quad \boldsymbol{x}=(x_1,\ldots,x_n)\in\mathrm{B}(f)
\end{aligned}
\tag{2.23}
$$

このように多面体上で線形関数を最適化（最大化または最小化）する問題は一般に**線形最適化問題**（**linear optimization problem**）あるいは**線形計**

画問題（**linear programming problem**）と呼ばれます [*10]．実行可能領域を有界な多面体とする線形最適化問題には端点であるような最適解，端点最適解が必ず存在します．

問題 (2.23) についてはアルゴリズム 2.2 を利用することで端点最適解は以下のようにして効率的に求めることができます．まず $V=\{1,\ldots,n\}$ の線形順序 $L=(i_1,\ldots,i_n)$ として $c_{i_1}\geq\cdots\geq c_{i_n}$ を満たすものをとります．この線形順序 L について，アルゴリズム 2.2 により定まる L に対応する基多面体の端点 $\boldsymbol{x}^L\in\mathrm{B}(f)$ を求めると，この $\boldsymbol{x}^L$ は問題 (2.23) の最適解となることが保証されます．以上の手続きをまとめると次のようになります．

アルゴリズム 2.3 基多面体上の線形最適化問題に対する貪欲法

1. V の線形順序 $L=(i_1,\ldots,i_n)$ として $c_{i_1}\geq\cdots\geq c_{i_n}$ を満たすものをとる．
2. 線形順序 L に対応する基多面体の端点 $\boldsymbol{x}^L\in\mathrm{B}(f)$ を出力する．

アルゴリズム 2.3 を問題 (2.23) に対する貪欲法と呼びます．端点 $\boldsymbol{x}^L$ の図形的な構成方法について思い出せば，$\boldsymbol{x}^L$ は線形目的関数 $\langle\boldsymbol{c},\boldsymbol{x}\rangle$ の最大化のために c_i の大きい成分について x_i を優先的に増加させることによって得られるような点であるとわかるので，アルゴリズム 2.3 が貪欲法と呼ばれることについても納得できるでしょう．この貪欲法では線形順序 L を得るためにソーティングを行えばよいことに注意すると，$O(n\log n)$ 回の基本演算と $O(n)$ 回の関数値呼び出しで十分であるため計算量は $O(n\mathrm{EO}+n\log n)$ となります．

有界な多面体である基多面体 $\mathrm{B}(f)$ ではなく有界でない多面体である劣モジュラ多面体 $\mathrm{P}(f)$ の上の線形関数 $\langle\boldsymbol{c},\boldsymbol{x}\rangle=\sum_{i=1}^{n}c_ix_i$ の最大化について考えてみましょう．この場合は $\boldsymbol{c}\in\mathbb{R}^n$ の各成分が非負の場合にのみ最適解が存

*10 線形最適化問題に対しては一般に，変数の数と制約数に関する多項式時間アルゴリズムが存在することはよく知られています．しかし問題 (2.23) では制約が指数個あるために，通常の線形最適化問題の解法では効率的に解くことはできません．

在し，さらにその際は基多面体 $\mathrm{B}(f)$ に関する線形最適化問題 (2.23) の最適解と一致するためアルゴリズム 2.3 を用いることができます．

2.4.3　基多面体と劣モジュラ関数最小化

劣モジュラ関数最小化問題 (2.15) は基多面体 $\mathrm{B}(f)$ 上の最適化に帰着することができます．ここではまず基多面体上の ℓ_1 ノルム最小化と劣モジュラ関数最小化の関係について解説し，さらに基多面体上の ℓ_2 ノルム最小化とそれに基づいた劣モジュラ関数最小化アルゴリズムについて説明します．

ℓ_1 ノルム最小化と劣モジュラ関数最小化

基多面体の点 $\boldsymbol{x} = (x_1, \ldots, x_n) \in \mathrm{B}(f)$ の中で，ℓ_1 ノルムの値 $\sum_{i=1}^{n} |x_i|$ を最小化する次の問題を考えましょう．

$$\begin{aligned} &\text{目的：} \quad \sum_{i=1}^{n} |x_i| \longrightarrow \text{最小} \\ &\text{制約：} \quad \boldsymbol{x} = (x_1, \ldots, x_n) \in \mathrm{B}(f) \end{aligned} \tag{2.24}$$

現在知られている劣モジュラ最小化の組合せ的な多項式時間アルゴリズムは，実質的には問題 (2.24) を解くことで f の最小化をしています．

問題 (2.24) と劣モジュラ関数最小化問題 (2.15) との関係を明らかにするために目的関数の置き換えを行います．ベクトル $\boldsymbol{x} \in \mathbb{R}^n$ が与えられたとき，新たなベクトル $\boldsymbol{x}^- = (x_1^-, \ldots, x_n^-) \in \mathbb{R}^n$ を $x_i^- = \min\{0, x_i\}$ $(i = 1, \ldots, n)$ により定めて，$x^-(S) = \sum_{i \in S} x_i^-$ $(S \subseteq V)$ と表記しましょう．各 x_i^- は $x_i^- = \frac{1}{2}(x_i - |x_i|)$ と表すこともできます．このとき，任意の $\boldsymbol{x} \in \mathrm{B}(f)$ について，$x(V) = f(V)$ となることに注意すると

$$x^-(V) = \sum_{i=1}^{n} \frac{1}{2}(x_i - |x_i|) = \frac{1}{2} f(V) - \frac{1}{2} \sum_{i=1}^{n} |x_i|$$

が成り立ちます．よって基多面体上の ℓ_1 ノルム最小化問題 (2.24) は次の最大化問題と等価になります．

$$
\begin{aligned}
&\text{目的：} \quad x^-(V) = \sum_{i=1}^{n} \min\{0, x_i\} \longrightarrow \text{最大} \\
&\text{制約：} \quad \boldsymbol{x} = (x_1, \ldots, x_n) \in \mathrm{B}(f)
\end{aligned}
\tag{2.25}
$$

任意の基多面体の点 $\boldsymbol{x} \in \mathrm{B}(f)$ と部分集合 $S \subseteq V$ について次の不等式が成り立つことは容易に確認できます．

$$
x^-(V) \leq x^-(S) \leq x(S) \leq f(S) \tag{2.26}
$$

実は不等式 (2.26) を等号で成立させるような $\boldsymbol{x} \in \mathrm{B}(f)$ と $S \subseteq V$ のペアが存在することが知られています．つまり次の最大最小定理が成り立ちます．

$$
\max\{x^-(V) : \boldsymbol{x} \in \mathrm{B}(f)\} = \min\{f(S) : S \subseteq V\} \tag{2.27}
$$

現在知られているほとんどの劣モジュラ最小化に対する組合せ的な多項式時間アルゴリズムでは，関係式 (2.27) に基づいて，基多面体上の最大化問題 (2.25) の最適化を行うことを通じて，劣モジュラ関数最小化問題 (2.15) の最適解を与えています．ただし，基多面体上の最大化問題 (2.25) の最適解 $\boldsymbol{x}$ が与えられたからといって，f の最小化元がただちに得られるわけではない点は注意してください．問題 (2.25) の最適解 $\boldsymbol{x}$ について，

$$
S^+ = \{i \in V : x_i > 0\},\ S^0 = \{i \in V : x_i = 0\},\ S^- = \{i \in V : x_i < 0\}
$$

とおいたとき，式 (2.26) と式 (2.27) から f の任意の最小化元 S^* について $S^- \subseteq S^* \subseteq S^0 \cup S^-$ が成り立つことはわかりますが，S^- や $S^0 \cup S^-$ は f の最小化元とは限りません．次に述べる基多面体上の ℓ_2 ノルム最小化問題については最適解からただちに f の最小化元を得ることができます．

ℓ_2 ノルム最小化と劣モジュラ関数最小化

基多面体の点 $\boldsymbol{x} = (x_1, \ldots, x_n) \in \mathrm{B}(f)$ の中で，ℓ_2 ノルムの 2 乗の値 $\sum_{i=1}^{n} x_i^2$ を最小化する次の問題を考えましょう．

$$
\begin{aligned}
&\text{目的：} \quad \sum_{i=1}^{n} x_i^2 \longrightarrow \text{最小} \\
&\text{制約：} \quad \boldsymbol{x} = (x_1, \ldots, x_n) \in \mathrm{B}(f)
\end{aligned}
\tag{2.28}
$$

この ℓ_2 ノルム最小化問題 (2.28) と劣モジュラ関数最小化の関係を述べる前に，劣モジュラ関数 f の最小化元のなす構造について説明します．

f の 2 つの最小化元 S_1，S_2 について考えるとき，

$$
\begin{aligned}
f(S_1) + f(S_2) &\geq f(S_1 \cup S_2) + f(S_1 \cap S_2) \\
f(S_1) &\leq f(S_1 \cup S_2) \\
f(S_2) &\leq f(S_1 \cap S_2)
\end{aligned}
$$

となるため，

$$
\begin{aligned}
f(S_1) &\geq f(S_1 \cup S_2) \\
f(S_2) &\geq f(S_1 \cap S_2)
\end{aligned}
$$

が成り立ちます．よって $S_1 \cup S_2$ と $S_1 \cap S_2$ も f の最小化元となることがわかります．このため，f の最小化元として集合として極大なものと極小なものがそれぞれ唯一存在することがわかり，それぞれを f の**極大な最小化元** (**maximal minimizer**)，**極小な最小化元** (**minimal minimizer**) と呼びます．

問題 (2.28) の最適解を $\boldsymbol{x}^* = (x_1^*, \ldots, x_n^*)$ とおき，さらに

$$
\begin{aligned}
S^+ &= \{i \in V : x_i^* > 0\} \\
S^0 &= \{i \in V : x_i^* = 0\} \\
S^- &= \{i \in V : x_i^* < 0\}
\end{aligned}
$$

とおきましょう．このとき S^- は f の極小な最小化元，$S^0 \cup S^-$ は f の極大な最小化元となることが知られています[13]．つまり基多面体上の ℓ_2 ノルム最小化問題 (2.28) が解ければ，劣モジュラ関数最小化問題 (2.15) が解けることになります．多項式時間アルゴリズムと比較して，高速な劣モジュラ関数最小化アルゴリズムとして知られている最小ノルム点アルゴリズムはこの性質に基づいたアルゴリズムです．

劣モジュラ関数最小化に対する最小ノルム点アルゴリズム

基多面体 $\mathrm{B}(f)$ において ℓ_2 ノルムを最小化する $\boldsymbol{x}^*$ が求まれば，f の最小化元は $S^* := \{i \in V : x_i^* < 0\}$ あるいは $S^* := \{i \in V : x_i^* \leq 0\}$ として求

まります．この事実に基づいた劣モジュラ最小化アルゴリズムが藤重（1991年，2005年）による**最小ノルム点アルゴリズム**（**minimum norm point algorithm**）[13] です．

最小ノルム点アルゴリズムを記述するための準備として，n 次元空間の有限個の点集合 $\mathcal{X} = \{\boldsymbol{x}^1, \ldots, \boldsymbol{x}^m\} \subseteq \mathbb{R}^n$ についてその**凸包**（**convex hull**）と**アフィン包**（**affine hull**）を定義しておきましょう．凸包 $\mathrm{conv}(\mathcal{X}) \subseteq \mathbb{R}^n$ は $\mathcal{X}$ を含む最小の凸集合，アフィン包 $\mathrm{aff}(\mathcal{X}) \subseteq \mathbb{R}^n$ は $\mathcal{X}$ を含む最小のアフィン部分空間のことであり，それぞれ次式で表すことができます．

$$\mathrm{conv}(\mathcal{X}) = \left\{ \sum_{i=1}^{m} \alpha_i \boldsymbol{x}^i \in \mathbb{R}^n \, : \, \alpha_1, \alpha_2, \ldots, \alpha_m \geq 0, \ \sum_{i=1}^{m} \alpha_i = 1 \right\}$$

$$\mathrm{aff}(\mathcal{X}) = \left\{ \sum_{i=1}^{m} \alpha_i \boldsymbol{x}^i \in \mathbb{R}^n \, : \, \alpha_1, \alpha_2, \ldots, \alpha_m \in \mathbb{R}, \ \sum_{i=1}^{m} \alpha_i = 1 \right\}$$

さらに $\boldsymbol{x} \in \mathrm{conv}(\mathcal{X})$ がアフィン部分空間 $\mathrm{aff}(\mathcal{X})$ の相対位相に関して内点になっているとき，$\boldsymbol{x}$ を $\mathrm{conv}(\mathcal{X})$ の相対的内点と呼びます．ただし $\mathcal{X}$ が 1 点のみからなる特別な場合で $\mathcal{X} = \{\boldsymbol{x}\}$ のときは，便宜上 $\boldsymbol{x}$ を $\mathrm{conv}(\mathcal{X})$ の相対的内点と呼ぶことにします．

$\mathcal{X}_1 = \{(1,0), (0,1)\} \subseteq \mathbb{R}^2$ とした場合は，$\mathrm{conv}(\mathcal{X}_1)$ は $(1,0)$ と $(0,1)$ を結ぶ線分になり，$\mathrm{aff}(\mathcal{X}_1)$ は $(1,0)$ と $(0,1)$ を通る直線になります．また $\mathcal{X}_2 = \{(1,0), (0,1), (1,1)\} \subseteq \mathbb{R}^2$ とした場合は，$\mathrm{conv}(\mathcal{X}_2)$ は 3 点 $(1,0)$，$(0,1)$，$(1,1)$ に囲まれた 3 角形（の外周と内部）になり，$\mathrm{aff}(\mathcal{X}_2)$ は $\mathbb{R}^2$ 全体になります．点 $(\frac{1}{2}, \frac{1}{2})$ は $\mathrm{conv}(\mathcal{X}_1)$ と $\mathrm{conv}(\mathcal{X}_2)$ の両方に含まれますが，点 $(\frac{1}{2}, \frac{1}{2})$ は $\mathrm{conv}(\mathcal{X}_1)$ の相対的内点であり，$\mathrm{conv}(\mathcal{X}_2)$ の相対的内点ではありません．

多面体の最小ノルム点を求めるウルフ（Wolfe）のアルゴリズム[54] を劣モジュラ関数最小化 (2.15) に利用したのが藤重が提案した最小ノルム点アルゴリズムであり，以下のように記述されます．

アルゴリズム 2.4 劣モジュラ関数最小化の最小ノルム点アルゴリズム

0. $\mathrm{B}(f)$ の端点を1つ求め $\boldsymbol{x}^0$ とする．$\mathcal{X} := \{\boldsymbol{x}^0\}$，$\widehat{\boldsymbol{x}} := \boldsymbol{x}^0$ とおく．
1. $\mathrm{B}(f)$ において $\langle \widehat{\boldsymbol{x}}, \boldsymbol{x} \rangle = \sum_{i \in V} \widehat{x}_i x_i$ を最小化する $\boldsymbol{x}$ を求める．$\langle \widehat{\boldsymbol{x}}, \boldsymbol{x} - \widehat{\boldsymbol{x}} \rangle = 0$ ならば $\boldsymbol{x}^* = \widehat{\boldsymbol{x}}$ と $S^* := \{i \in V : x_i^* < 0\}$ を出力し停止する．そうでないならば $\mathcal{X} := \mathcal{X} \cup \{\boldsymbol{x}\}$ とする．
2. $\mathcal{X}$ のアフィン包 $\mathrm{aff}(\mathcal{X})$ において $\langle \boldsymbol{y}, \boldsymbol{y} \rangle$ を最小化する点 $\boldsymbol{y}$ を求める．$\boldsymbol{y}$ が $\mathcal{X}$ の凸包 $\mathrm{conv}(\mathcal{X})$ の相対的内点ならば $\widehat{\boldsymbol{x}} := \boldsymbol{y}$ としてステップ1へ．
3. $\widehat{\boldsymbol{x}}$ と $\boldsymbol{y}$ を結ぶ線分 $[\widehat{\boldsymbol{x}}, \boldsymbol{y}]$ について，$[\widehat{\boldsymbol{x}}, \boldsymbol{y}]$ と $\mathrm{conv}(\mathcal{X})$ の共通部分で $\boldsymbol{y}$ に最も近い点を $\boldsymbol{x}'$ とする．$\boldsymbol{x}' \in \mathrm{conv}(\mathcal{X}')$ となるような $\mathcal{X}' \subseteq \mathcal{X}$ の中で（唯一の）極小な $\mathcal{X}'$ を求める．$\mathcal{X} := \mathcal{X}'$，$\widehat{\boldsymbol{x}} := \boldsymbol{x}'$ としてステップ2へ．

ステップ1における $\langle \widehat{\boldsymbol{x}}, \boldsymbol{x} \rangle$ の最小化部分には $\boldsymbol{c} = -\widehat{\boldsymbol{x}}$ としてアルゴリズム 2.3 を用いることができます．アルゴリズム 2.4 は有限回の反復で停止することが保証されています．また，アルゴリズムの計算時間の多項式性は保証されていませんが，実用上はかなり高速に最小ノルム点 $\boldsymbol{x}^*$ と f の最小化元 S^* を求めることができます．

最小化ノルム点アルゴリズムの実行例

アルゴリズム 2.4 の実行の様子を見るために，次式で定まる3つの集合関数 f_0，f_1，$f_2 : 2^{\{1,2,3\}} \to \mathbb{R}$ を考えましょう．

$$f_0(S) = 2|S|(5 - |S|) \quad (\forall S \subseteq \{1,2,3\})$$
$$f_1(S) = 2|S|(5 - |S|) - |S \cap \{1,3\}| + 2|S \cap \{2\}| \quad (\forall S \subseteq \{1,2,3\})$$
$$f_2(S) = 2|S|(5 - |S|) - 8|S \cap \{1,3\}| + 16|S \cap \{2\}| \quad (\forall S \subseteq \{1,2,3\})$$

関数 f_0 は凹関数が生成する正規化された劣モジュラ関数になってい

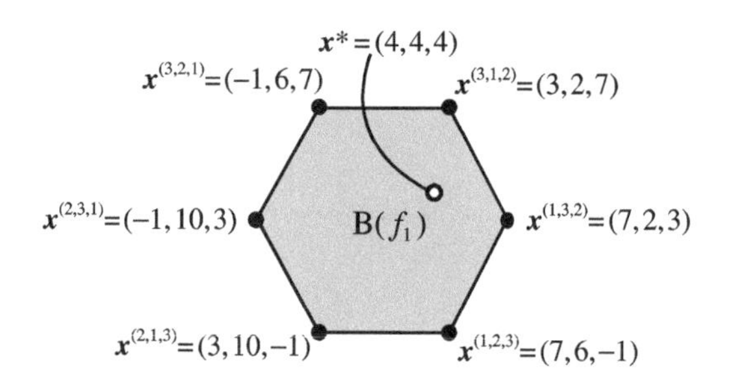

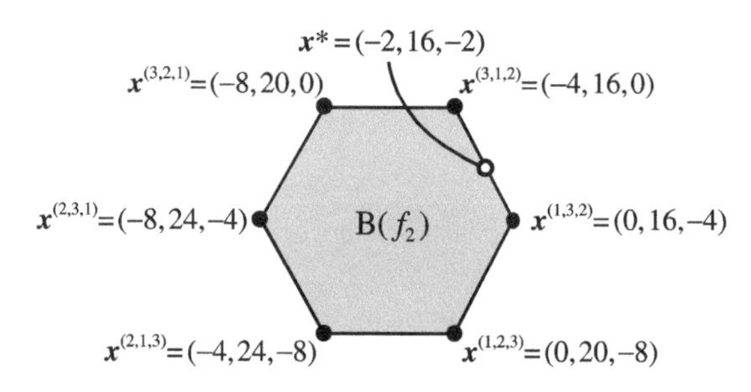

図 2.14 基多面体とその最小ノルム点.

ます．また f_1 と f_2 はともに f_0 をモジュラ関数によってずらした関数であるため，それぞれ正規化された劣モジュラ関数になります．f_0 と f_1 の最小化元はともに $\{\}$，f_2 の最小化元は $\{1,3\}$ となることが確認できます．関数 f_0 は単純すぎるので，f_1 と f_2 に対しアルゴリズム 2.4 を実行することを考えます．基多面体 $\mathrm{B}(f_0)$ の端点集合は $\{(8,4,0),(8,0,4),(4,8,0),(0,8,4),(4,0,8),(0,4,8)\}$ となります（よって $\mathrm{B}(f_0)$ が正 6 角形になることもわかります）．また $\mathrm{B}(f_0)$ を $(-1,\ 2,\ -1)$ だけ平行移動すれば $\mathrm{B}(f_1)$ が得られ，$(-8,\ 16,\ -8)$ だけ平行移動すれば $\mathrm{B}(f_2)$ が得られます．よって基多面体 $\mathrm{B}(f_1)$，$\mathrm{B}(f_2)$ は図 2.14 のようになります．$\mathrm{B}(f_1)$ の最小ノルム点は $(4,4,4)$, $\mathrm{B}(f_2)$ の最小ノルム点は $(-2,16,-2)$ です．

まず関数 f_1 と基多面体 $\mathrm{B}(f_1)$ に対しアルゴリズム 2.4 を適用し，最小ノルム点 $(4,4,4)$ と f_1 の最小化元 $\{\}$ が求まることを確認します．

[初期化]　**(ステップ 0)** たとえば $\boldsymbol{x}^0 = \boldsymbol{x}^{(2,1,3)} = (3,10,-1)$ とすると，$\mathcal{X} := \{\boldsymbol{x}^0\} = \{(3,10,-1)\}$，$\widehat{\boldsymbol{x}} := \boldsymbol{x}^0 = (3,10,-1)$.

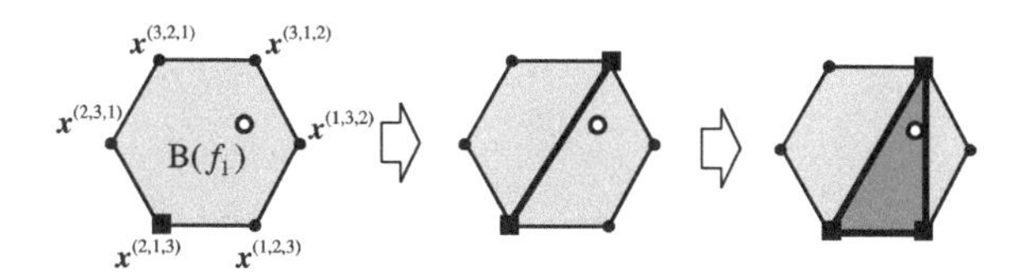

図 2.15 基多面体 $\mathrm{B}(f_1)$ に対するアルゴリズム 2.4 の動き（■は $\mathcal{X}$ の点）.

[反復 1] **(ステップ 1)** $\mathrm{B}(f_1)$ において $\langle \widehat{\boldsymbol{x}}, \boldsymbol{x} \rangle = \langle (3, 10, -1), \boldsymbol{x} \rangle$ を最小化して $\boldsymbol{x} = \boldsymbol{x}^{(3,1,2)} = (3, 2, 7)$. $\langle \widehat{\boldsymbol{x}}, \boldsymbol{x} - \widehat{\boldsymbol{x}} \rangle = \langle (3, 10, -1), (0, -8, 8) \rangle < 0$ より $\mathcal{X} := \mathcal{X} \cup \{\boldsymbol{x}\} = \{(3, 10, -1), (3, 2, 7)\}$.

(ステップ 2) アフィン包 $\mathrm{aff}(\mathcal{X})$ は $(3, 10, -1)$ と $(3, 2, 7)$ を通る直線，凸包 $\mathrm{conv}(\mathcal{X})$ は $(3, 10, -1)$ と $(3, 2, 7)$ を結ぶ線分となる．$\mathrm{aff}(\mathcal{X})$ において $\langle \boldsymbol{y}, \boldsymbol{y} \rangle$ を最小化して $\boldsymbol{y} = (3, \frac{9}{2}, \frac{9}{2})$. $\boldsymbol{y}$ は $\mathrm{conv}(\mathcal{X})$ の相対的内点なので $\widehat{\boldsymbol{x}} := \boldsymbol{y} = (3, \frac{9}{2}, \frac{9}{2})$ としてステップ 1 へ.

[反復 2] **(ステップ 1)** $\mathrm{B}(f_1)$ において $\langle \widehat{\boldsymbol{x}}, \boldsymbol{x} \rangle = \langle (3, \frac{9}{2}, \frac{9}{2}), \boldsymbol{x} \rangle$ を最小化してたとえば $\boldsymbol{x} = \boldsymbol{x}^{(1,2,3)} = (7, 6, -1)$. $\langle \widehat{\boldsymbol{x}}, \boldsymbol{x} - \widehat{\boldsymbol{x}} \rangle = \langle (3, \frac{9}{2}, \frac{9}{2}), (4, \frac{3}{2}, -\frac{11}{2}) \rangle < 0$ より $\mathcal{X} := \mathcal{X} \cup \{\boldsymbol{x}\} = \{(3, 10, -1), (3, 2, 7), (7, 6, -1)\}$.

(ステップ 2) アフィン包 $\mathrm{aff}(\mathcal{X})$ は $x_1 + x_2 + x_3 = 12$ で定まる平面全体，凸包 $\mathrm{conv}(\mathcal{X})$ は 3 点 $(3, 10, -1)$, $(3, 2, 7)$, $(7, 6, -1)$ に囲まれた 3 角形となる．$\mathrm{aff}(\mathcal{X})$ において $\langle \boldsymbol{y}, \boldsymbol{y} \rangle$ を最小化して $\boldsymbol{y} = (4, 4, 4)$. $\boldsymbol{y}$ は $\mathrm{conv}(\mathcal{X})$ の相対的内点なので $\widehat{\boldsymbol{x}} := \boldsymbol{y} = (4, 4, 4)$ としてステップ 1 へ.

[反復 3] **(ステップ 1)** $\mathrm{B}(f_1)$ において $\langle \widehat{\boldsymbol{x}}, \boldsymbol{x} \rangle = \langle (4, 4, 4), \boldsymbol{x} \rangle$ を最小化してたとえば $\boldsymbol{x} = \boldsymbol{x}^{(1,2,3)} = (7, 6, -1)$. $\langle \widehat{\boldsymbol{x}}, \boldsymbol{x} - \widehat{\boldsymbol{x}} \rangle = \langle (4, 4, 4), (3, 2, -5) \rangle = 0$ より $\boldsymbol{x}^* = \widehat{\boldsymbol{x}} = (4, 4, 4)$ と $S^* := \{i \in V : x_i^* < 0\} = \{\}$ を出力し停止する.

関数 f_1 に対するこの実行例において，$\mathcal{X}$ の更新の様子のみに注目すると，$\{(3, 10, -1)\} \to \{(3, 10, -1), (3, 2, 7)\} \to \{(3, 10, -1), (3, 2, 7), (7, 6, -1)\}$ となり，最終的に $\mathrm{conv}(\mathcal{X})$ が最小ノルム点を含むように更新されています．図 2.15 は $\mathcal{X}$ と $\mathrm{conv}(\mathcal{X})$ の更新の様子を表しています．この実行例ではステップ 3 を実行せずに最小ノルム点と最小化元を得ていますが，これはある意味で $\mathcal{X}$ の更新を順調に行うことができたためです.

続いて関数 f_2 と基多面体 $\mathrm{B}(f_2)$ に対しアルゴリズム 2.4 を適用し，最小

ノルム点 $(-2, 16, -2)$ と f_2 の最小化元 $\{1, 3\}$ が求まることを確認します．

[初期化] **(ステップ 0)** たとえば $\boldsymbol{x}^0 = \boldsymbol{x}^{(2,1,3)} = (-4, 24, -8)$ とすると，$\mathcal{X} := \{\boldsymbol{x}^0\} = \{(-4, 24, -8)\}$，$\widehat{\boldsymbol{x}} := \boldsymbol{x}^0 = (-4, 24, -8)$．

[反復 1] **(ステップ 1)** $\mathrm{B}(f_2)$ において $\langle \widehat{\boldsymbol{x}}, \boldsymbol{x} \rangle = \langle (-4, 24, -8), \boldsymbol{x} \rangle$ を最小化して $\boldsymbol{x} = \boldsymbol{x}^{(3,1,2)} = (-4, 16, 0)$．$\langle \widehat{\boldsymbol{x}}, \boldsymbol{x} - \widehat{\boldsymbol{x}} \rangle = \langle (-4, 24, -8), (0, -8, 8) \rangle < 0$ より $\mathcal{X} := \mathcal{X} \cup \{\boldsymbol{x}\} = \{(-4, 24, -8),\ (-4, 16, 0)\}$．

(ステップ 2) アフィン包 $\mathrm{aff}(\mathcal{X})$ は $(-4, 24, -8)$ と $(-4, 16, 0)$ を通る直線，凸包 $\mathrm{conv}(\mathcal{X})$ は $(-4, 24, -8)$ と $(-4, 16, 0)$ を結ぶ線分となる．$\mathrm{aff}(\mathcal{X})$ において $\langle \boldsymbol{y}, \boldsymbol{y} \rangle$ を最小化して $\boldsymbol{y} = (-4, 8, 8)$．$\boldsymbol{y} \notin \mathrm{conv}(\mathcal{X})$ より $\boldsymbol{y}$ は $\mathrm{conv}(\mathcal{X})$ の相対的内点ではない．

(ステップ 3) 線分 $[\widehat{\boldsymbol{x}}, \boldsymbol{y}] = [(-4, 24, -8), (-4, 8, 8)]$ と $\mathrm{conv}(\mathcal{X})$ の共通部分の点で $\boldsymbol{y} = (-4, 8, 8)$ に最も近いものは $\boldsymbol{x}' = (-4, 16, 0)$．$\boldsymbol{x}' \in \mathrm{conv}(\mathcal{X}')$ となるような $\mathcal{X}' \subseteq \mathcal{X}$ で極小なものは $\mathcal{X}' = \{(-4, 16, 0)\}$ であり，$\mathcal{X} := \mathcal{X}' = \{(-4, 16, 0)\}$，$\widehat{\boldsymbol{x}} := \boldsymbol{x}' = (-4, 16, 0)$ としステップ 2 へ．

[反復 2] **(ステップ 2)** アフィン包 $\mathrm{aff}(\mathcal{X})$ と凸包 $\mathrm{conv}(\mathcal{X})$ はともに $\{(-4, 16, 0)\}$ となる．$\mathrm{aff}(\mathcal{X})$ において $\langle \boldsymbol{y}, \boldsymbol{y} \rangle$ を最小化して $\boldsymbol{y} = (-4, 16, 0)$．$\boldsymbol{y}$ は $\mathrm{conv}(\mathcal{X})$ の相対的内点なので $\widehat{\boldsymbol{x}} := \boldsymbol{y} = (-4, 16, 0)$ としステップ 1 へ．

[反復 3] **(ステップ 1)** $\mathrm{B}(f_2)$ において $\langle \widehat{\boldsymbol{x}}, \boldsymbol{x} \rangle = \langle (-4, 16, 0), \boldsymbol{x} \rangle$ を最小化して $\boldsymbol{x} = \boldsymbol{x}^{(1,3,2)} = (0, 16, -4)$．$\langle \widehat{\boldsymbol{x}}, \boldsymbol{x} - \widehat{\boldsymbol{x}} \rangle = \langle (-4, 16, 0), (4, 0, -4) \rangle < 0$ より $\mathcal{X} := \mathcal{X} \cup \{\boldsymbol{x}\} = \{(-4, 16, 0),\ (0, 16, -4)\}$．

(ステップ 2) アフィン包 $\mathrm{aff}(\mathcal{X})$ は $(-4, 16, 0)$ と $(0, 16, -4)$ を通る直線，凸包 $\mathrm{aff}(\mathcal{X})$ は $(-4, 16, 0)$ と $(0, 16, -4)$ を結ぶ線分となる．$\mathrm{aff}(\mathcal{X})$ において $\langle \boldsymbol{y}, \boldsymbol{y} \rangle$ を最小化して $\boldsymbol{y} = (-2, 16, -2)$．$\boldsymbol{y}$ は $\mathrm{conv}(\mathcal{X})$ の相対的内点なので $\widehat{\boldsymbol{x}} := \boldsymbol{y} = (-2, 16, -2)$ としステップ 1 へ．

[反復 4] **(ステップ 1)** $\mathrm{B}(f_2)$ で $\langle \widehat{\boldsymbol{x}}, \boldsymbol{x} \rangle = \langle (-2, 16, -2), \boldsymbol{x} \rangle$ を最小化し，たとえば $\boldsymbol{x} = \boldsymbol{x}^{(1,3,2)} = (0, 16, -4)$．$\langle \widehat{\boldsymbol{x}}, \boldsymbol{x} - \widehat{\boldsymbol{x}} \rangle = \langle (-2, 16, -2), (2, 0, -2) \rangle = 0$ より $\boldsymbol{x}^* = \widehat{\boldsymbol{x}} = (-2, 16, -2)$ と $S^* := \{i \in V : x_i^* < 0\} = \{1, 3\}$ を出力し停止する．

関数 f_2 に対するこの実行例で，$\mathcal{X}$ の更新に注目すると，$\{(-4, 24, -8)\} \to$

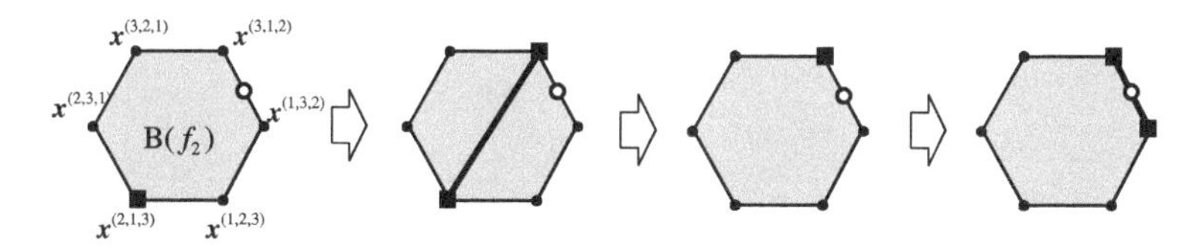

図 2.16　基多面体 $\mathrm{B}(f_2)$ に対するアルゴリズム 2.4 の動き（■は $\mathcal{X}$ の点）.

$\{(-4,24,-8),(-4,16,0)\} \to \{(-4,16,0)\} \to \{(-4,16,0),(0,16,-4)\}$ となり，関数 f_1 の場合と異なり $\mathcal{X}$ の更新は単調ではありません．図 2.16 は $\mathcal{X}$ と $\mathrm{conv}(\mathcal{X})$ の更新の様子を表しています．

2.5　劣モジュラ関数と凸性

$V=\{1,\ldots,n\}$ とし $f:2^V \to \mathbb{R}$ を正規化された劣モジュラ関数とします．劣モジュラ関数と凸性についてはある種の等価性が成立し，この凸性は最適化アルゴリズムの設計上でも重要な役割を果たします．劣モジュラ関数が離散領域 $\{0,1\}^n$ の上で凸関数であるとみなせることについて，その意味を正確に述べるためは**ロヴァース拡張** (**Lovász extension**)[37] の概念を導入する必要があります．劣モジュラ関数 $f:2^V \to \mathbb{R}$ の定義域 2^V は離散領域 $\{0,1\}^n$ と同一視できますが，ロヴァース拡張 $\widehat{f}:\mathbb{R}^n_{\geq 0} \to \mathbb{R}$ の定義域は $\{0,1\}^n$ を連続化した n 次元の非負象限 $\mathbb{R}^n_{\geq 0}$ となります．このロヴァース拡張の概念を用いることで，劣モジュラ関数と凸性の等価性が導かれます．

また関連する概念として，ロヴァース拡張とは異なる連続化である**多重線形拡張** (**multilinear extension**)[7] もしばしば用いられます．多重線形拡張 $\widetilde{f}:[0,1]^n \to \mathbb{R}$ の定義域は n 次元単位超立方体 $[0,1]^n$ となります．ロヴァース拡張 $\widehat{f}$ が劣モジュラ関数 f を凸関数として拡張する概念であるのに対し，多重線形拡張 $\widetilde{f}$ は劣モジュラ関数 f を「部分的に見れば凹関数」となるように拡張する概念です．大まかにいえば，ロヴァース拡張 $\widehat{f}$ は劣モジュラ関数の最小化や最小化と関連する最適化で用いられ，多重線形拡張 $\widetilde{f}$ は最大化において用いられます（ただし，本書で劣モジュラ関数最大化を扱う第 3 章では多重線形拡張は利用しません）．

ロヴァース拡張 $\widehat{f}$ と多重線形拡張 $\widetilde{f}$ を正確に定義する前に，これらがどのような関数であるか眺めてみましょう．$V=\{1,2\}$ として $f(\{\})=0$, $f(\{1\})=4$, $f(\{2\})=3$, $f(\{1,2\})=5$ により定まる劣モジュラ関数 $f:2^{\{1,2\}}\to\mathbb{R}$ を考えます．このときロヴァース拡張 $\widehat{f}:\mathbb{R}^2_{\geq 0}\to\mathbb{R}$ と多重線形拡張 $\widetilde{f}:[0,1]^2\to\mathbb{R}$ は次式のようになります．

$$\text{ロヴァース拡張}\quad \widehat{f}(z_1,\,z_2)=\begin{cases}4z_1+z_2 & (z_1\geq z_2\geq 0)\\ 2z_1+3z_2 & (z_2\geq z_1\geq 0)\end{cases}$$

$$\text{多重線形拡張}\quad \widetilde{f}(z_1,\,z_2)=4z_1(1-z_2)+3(1-z_1)z_2+5z_1z_2$$

ロヴァース拡張 $\widehat{f}$ は線形関数をつなぎ合わせてできた関数であり，多重線形拡張 $\widetilde{f}$ は任意の変数 1 つのみに着目すれば線形関数であるような関数です．$\widehat{f}$ と $\widetilde{f}$ について，

$$\widehat{f}(0,\,0)=\widetilde{f}(0,\,0)=0=f(\{\}),\qquad \widehat{f}(1,\,0)=\widetilde{f}(1,\,0)=4=f(\{1\}),$$
$$\widehat{f}(0,\,1)=\widetilde{f}(0,\,1)=3=f(\{2\}),\quad \widehat{f}(1,\,1)=\widetilde{f}(1,\,1)=5=f(\{1,2\})$$

が成り立つため，それぞれ f の自然な拡張であるといえます．ロヴァース拡張 $\widehat{f}$ は $\widehat{f}(z_1,\,z_2)=\max\{4z_1+z_2,\,2z_1+3z_2\}$ とも書けることから，確かに凸関数になっています．また多重線形拡張 $\widetilde{f}$ は凹関数ではありませんが，任意の 2 つのベクトル $\boldsymbol{a}\in\mathbb{R}^2_{\geq 0}$, $\boldsymbol{b}\in[0,1]^2$ を用いて 1 変数関数 $h:\mathbb{R}\to\mathbb{R}$ を $h(t)=\widetilde{f}(t\boldsymbol{a}+\boldsymbol{b})$ と定めると h は凹関数になります．たとえば $\boldsymbol{a}=(1,1)$, $\boldsymbol{b}=(0,0)$ とすると $h(t)=\widetilde{f}(t,\,t)=-2t^2+7t$ となり h は確かに凹関数となりますが，$\boldsymbol{a}=(1,-1)$, $\boldsymbol{b}=(0,1)$ とすると $h(t)=\widetilde{f}(t,\,1-t)=2t^2-t+3$ となり h は凸関数となります．

本節では，まず劣モジュラ関数とは限らない関数と劣モジュラ関数のロヴァース拡張について説明し，続いて劣モジュラ関数と凸関数に等価性について証明します．さらに劣モジュラ関数の多重線形拡張の定義とその性質についても解説します．

2.5.1 集合関数のロヴァース拡張

台集合を $V=\{1,2,\ldots,n\}$ とする任意の（劣モジュラとは限らない）正規化された集合関数 $g:2^V\to\mathbb{R}$ を考えます．各部分集合 $S\subseteq V$ について，$\chi_S\in\{0,1\}^n$ を S の特性ベクトル（**characteristic vector**）とします．つ

まり，$\boldsymbol{\chi}_S$ は次式で定まります．

$$(\boldsymbol{\chi}_S\text{の第 } i \text{ 成分}) = \begin{cases} 1 & (i \in S) \\ 0 & (i \in V \setminus S) \end{cases} \tag{2.29}$$

$S \subseteq V$ と $\boldsymbol{\chi}_S \in \{0,1\}^n$ の対応を考えることで g の定義域 2^V は n 次元 0-1 ベクトル全体の集合 $\{0,1\}^n$ と同一視できて，$2^V \cong \{0, 1\}^n$ と表記します．定義域を離散領域の $2^V \cong \{0, 1\}^n$ から非負象限 $\mathbb{R}^n_{\geq 0}$ へと拡張した g の連続化関数の 1 つである，ロヴァース拡張 $\widehat{g} : \mathbb{R}^n_{\geq 0} \to \mathbb{R}$ を定義します．まず $\widehat{g}$ が自然な連続化関数であるとすれば

$$\widehat{g}(\boldsymbol{\chi}_S) = g(S) \ \ (\forall S \subseteq V) \tag{2.30}$$

を満たす必要がありますが，$\{0,1\}^n$ に含まれない $\boldsymbol{z} \in \mathbb{R}^n_{\geq 0}$ について，$\widehat{g}(\boldsymbol{z})$ の値を決める必要があります．

ロヴァース拡張の定義

n 次元の非負ベクトル $\boldsymbol{z} = (z_1, z_2, \ldots, z_n) \in \mathbb{R}^n_{\geq 0}$ を 1 つ固定して，ロヴァース拡張の関数値 $\widehat{g}(\boldsymbol{z})$ を定義します．V の線形順序 $L = (i_1, i_2, \ldots, i_n)$ で，$z_{i_1} \geq z_{i_2} \geq \cdots \geq z_{i_n}$ を満たすものをとりましょう（このような線形順序が複数あれば 1 つ任意に選びます）．2.4.2 項と同様に，V の任意の線形順序 $L = (i_1, i_2, \ldots, i_n)$ について，$L(0) = \{\}$，$L(j) = \{i_1, \ldots, i_j\}$ $(j = 1, \ldots, n)$ とします．n 個の特性ベクトル $\boldsymbol{\chi}_{L(1)}, \ldots, \boldsymbol{\chi}_{L(n)}$ を用いることで，非負ベクトル $\boldsymbol{z}$ を次式のように $\boldsymbol{\chi}_{L(1)}, \ldots, \boldsymbol{\chi}_{L(n)}$ の非負結合として分解した表現が得られます．

$$\boldsymbol{z} = \sum_{j=1}^{n-1} (z_{i_j} - z_{i_{j+1}}) \boldsymbol{\chi}_{L(j)} + z_{i_n} \boldsymbol{\chi}_{L(n)} \tag{2.31}$$

式 (2.31) の表現を用いて，ロヴァース拡張の関数値 $\widehat{g}(\boldsymbol{z})$ を

$$\widehat{g}(\boldsymbol{z}) = \sum_{j=1}^{n-1} (z_{i_j} - z_{i_{j+1}}) g(L(j)) + z_{i_n} g(L(n)) \tag{2.32}$$

により定義します．関数値 $\widehat{g}(\boldsymbol{z})$ は L のとり方に依存せず一意に定まるため，$\widehat{g}$ は一般に連続関数となります．

たとえば $\boldsymbol{z} = (1,\ 0.5,\ 0.7,\ 0.1) \in \mathbb{R}^4$ について $\widehat{g}(\boldsymbol{z})$ の値を考えてみましょう．$z_1 \geq z_3 \geq z_2 \geq z_4$ より線形順序 $L = (1, 3, 2, 4)$ をとって，

$$\begin{aligned} \boldsymbol{z} &= 0.3\,(1,0,0,0) + 0.2\,(1,0,1,0) + 0.4\,(1,1,1,0) + 0.1\,(1,1,1,1) \\ &= 0.3\boldsymbol{\chi}_{\{1\}} + 0.2\boldsymbol{\chi}_{\{1,3\}} + 0.4\boldsymbol{\chi}_{\{1,2,3\}} + 0.1\boldsymbol{\chi}_{\{1,2,3,4\}} \end{aligned}$$

という非負結合表現が得られるので，

$$\widehat{g}(\boldsymbol{z}) = 0.3g(\{1\}) + 0.2g(\{1,3\}) + 0.4g(\{1,2,3\}) + 0.1g(\{1,2,3,4\})$$

が得られます．

このロヴァース拡張の定義より，各 $S \subseteq V$ について $\widehat{g}(\boldsymbol{\chi}_S) = g(S)$，つまり式 (2.29) が成立するので，ロヴァース拡張 $\widehat{g} : \mathbb{R}^n_{\geq 0} \to \mathbb{R}$ は集合関数 $g : 2^V \to \mathbb{R}$ の自然な拡張になっています．

ロヴァース拡張の図形的な解釈

ロヴァース拡張 $\widehat{g} : \mathbb{R}^n_{\geq 0} \to \mathbb{R}$ の性質についてもう少し詳しく観察してみましょう．V の任意の線形順序 $L = (i_1,\ \ldots,\ i_n)$ に対し，$C^L \subseteq \mathbb{R}^n$ を

$$C^L = \{\boldsymbol{z} \in \mathbb{R}^n : z_{i_1} \geq \cdots \geq z_{i_n} \geq 0\}$$

と定義します．$\boldsymbol{z} \in C^L$ かつ $\alpha \geq 0$ ならば $\alpha\boldsymbol{z}$ もまた C^L に含まれることから，C^L は**錐**（**cone**）になっています．このような錐は，L のとり方だけあるので，$n!$ 個あり，非負象限 $\mathbb{R}^V_{\geq 0}$ は $n!$ 個の錐に分割されます．ロヴァース拡張 $\widehat{g} : \mathbb{R}^n_{\geq 0} \to \mathbb{R}$ の定義式 (2.32) より，$\widehat{g}$ は各錐 C^L の上に限れば線形関数となります．つまり，$\widehat{g}$ は $n!$ 個の線形関数を連結させることで得られる関数になっています．

錐 $C^L = C^{(i_1,\ldots,i_n)}$ は，n 個の特性ベクトル $\boldsymbol{\chi}_{L(1)},\ \ldots,\ \boldsymbol{\chi}_{L(n)}$ と任意の n 個の非負実数 $\lambda_1,\ \ldots,\ \lambda_n \geq 0$ を用いて

$$\boldsymbol{z} = \sum_{j=1}^{n} \lambda_j \boldsymbol{\chi}_{L(j)} \tag{2.33}$$

のように，$\boldsymbol{\chi}_{L(1)},\ \ldots,\ \boldsymbol{\chi}_{L(n)}$ の非負結合で表されるベクトル全体と一致します．式 (2.33) の形で表される $\boldsymbol{z} \in C^L$ について，ロヴァース拡張の値は

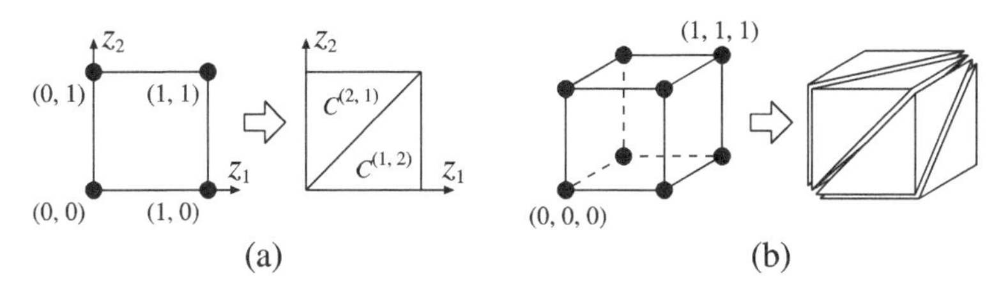

図 2.17 非負象限の分割.

$$\widehat{g}(\boldsymbol{z}) = \sum_{j=1}^{n} \lambda_j g(L(j)) \tag{2.34}$$

となります.

$n = 2$ として，$g : 2^{\{1,2\}} \to \mathbb{R}$ のロヴァース拡張 $\widehat{g} : \mathbb{R}^2_{\geq 0} \to \mathbb{R}$ を考えましょう．非負象限 $\mathbb{R}^2_{\geq 0}$ は $C^{(1,2)} = \{(z_1, z_2) \in \mathbb{R}^2 : z_1 \geq z_2 \geq 0\}$ と $C^{(2,1)} = \{(z_1, z_2) \in \mathbb{R}^2 : z_2 \geq z_1 \geq 0\}$ に分割されます．ロヴァース拡張 $\widehat{g} : \mathbb{R}^2_{\geq 0} \to \mathbb{R}$ は次式で与えられます.

$$\widehat{g}(z_1, z_2) = \begin{cases} (z_1 - z_2)g(\{1\}) + z_2\, g(\{1,2\}) & ((z_1, z_2) \in C^{(1,2)}) \\ (z_2 - z_1)g(\{2\}) + z_1\, g(\{1,2\}) & ((z_1, z_2) \in C^{(2,1)}) \end{cases}$$

この関数 $\widehat{g}$ は，確かに $C^{(1,2)}$ と $C^{(2,1)}$ のそれぞれの上では線形関数になっています．$n = 3$ の場合は，非負象限 $\mathbb{R}^3_{\geq 0}$ は $3! = 6$ 個の錐，$C^{(1,2,3)}$，$C^{(1,3,2)}$，$C^{(2,1,3)}$，$C^{(2,3,1)}$，$C^{(3,1,2)}$，$C^{(3,2,1)}$ に分割されます．図2.17 (a) は $n = 2$ の場合，(b) は $n = 3$ の場合について，非負象限 $\mathbb{R}^n_{\geq 0}$ の分割を n 次元単位超立方体 $[0, 1]^n$ に制限したものをそれぞれ示しています.

2.5.2 劣モジュラ関数と凸関数

正規化された劣モジュラ関数 $f : 2^V \to \mathbb{R}$ について，そのロヴァース拡張 $\widehat{f} : \mathbb{R}^n_{\geq 0} \to \mathbb{R}$ を考えます．劣モジュラ関数のロヴァース拡張は 2.4 節で定義した劣モジュラ多面体 $\mathrm{P}(f) \subseteq \mathbb{R}^n$ や基多面体 $\mathrm{B}(f) \subseteq \mathbb{R}^n$ を用いることでシンプルな形で表現可能となります．さらに劣モジュラ関数と凸関数の等価性についても解説します.

劣モジュラ関数のロヴァース拡張

劣モジュラ関数については，そのロヴァース拡張が劣モジュラ多面体や基多面体を用いて式 (2.32) とは異なる形で表現可能となることを示しましょう．

$\boldsymbol{z} = (z_1, \ldots, z_n) \in \mathbb{R}^n_{\geq 0}$ を任意の n 次元非負ベクトルとし，$L = (i_1, \ldots, i_n)$ は $z_{i_1} \geq \cdots \geq z_{i_n}$ を満たす V の線形順序とします．さらに $\boldsymbol{x}^L$ を式 (2.22) によって定義される線形順序 L に対応する基多面体 $\mathrm{B}(f)$ の端点とします．このとき，ロヴァース拡張の関数値 $\widehat{f}(\boldsymbol{z})$ は式 (2.32) を変形することで

$$\begin{aligned}\widehat{f}(\boldsymbol{z}) &= \sum_{j=1}^{n-1}(z_{i_j} - z_{i_{j+1}})f(L(j)) + z_{i_n}f(L(n)) \\ &= \sum_{j=1}^{n} z_{i_j}(f(L(j)) - f(L(j-1))) \\ &= \sum_{j=1}^{n} z_{i_j}x^L_{i_j} \qquad (2.35)\end{aligned}$$

となります．その一方で，$\boldsymbol{z} \in \mathbb{R}^n_{\geq 0}$ を定数ベクトル，$\boldsymbol{x} \in \mathrm{B}(f)$ を変数ベクトルとして，基多面体 $\mathrm{B}(f)$ 上で線形目的関数 $\langle \boldsymbol{z}, \boldsymbol{x} \rangle = \sum_{i=1}^{n} z_i x_i$ を最大化する問題を考えると，2.4.2 項の議論より最適解は $\boldsymbol{x} = \boldsymbol{x}^L$ となるために，次式が得られます．

$$\max_{\boldsymbol{x}}\{\langle \boldsymbol{z}, \boldsymbol{x} \rangle : \boldsymbol{x} \in \mathrm{B}(f)\} = \sum_{j=1}^{n} z_{i_j}x^L_{i_j} \qquad (2.36)$$

以上の 2 つの式 (2.35)，(2.36) をまとめることで，正規化された劣モジュラ関数 $f : 2^V \to \mathbb{R}$ のロヴァース拡張 $\widehat{f} : \mathbb{R}^n_{\geq 0} \to \mathbb{R}$ は線形順序 L を含まない次式で表されます．

$$\widehat{f}(\boldsymbol{z}) = \max_{\boldsymbol{x}}\{\langle \boldsymbol{z}, \boldsymbol{x} \rangle : \boldsymbol{x} \in \mathrm{B}(f)\} \qquad (2.37)$$

2.4.2 項の議論と $\boldsymbol{z}$ の非負性から式 (2.37) における $\mathrm{B}(f)$ を $\mathrm{P}(f)$ に置き換えた次式も成立します．

$$\widehat{f}(\boldsymbol{z}) = \max_{\boldsymbol{x}}\{\langle \boldsymbol{z}, \boldsymbol{x}\rangle : \boldsymbol{x} \in \mathrm{P}(f)\} \tag{2.38}$$

劣モジュラ関数ではない一般の正規化された集合関数 g についてはそのロヴァース拡張 $\widehat{g}$ が式 (2.37) や (2.38) のような形では表現できない点に注意しましょう．

劣モジュラ関数と凸関数の対応関係

ロヴァース拡張を用いることで，ロヴァース（Lovász）によって 1983 年に証明された劣モジュラ関数と凸関数の次のような美しい対応関係を記述することができます[37]．

定理 2.1

正規化された集合関数 $f : 2^V \to \mathbb{R}$ について次の関係が成り立つ．

$$f \text{ が劣モジュラ関数} \iff \widehat{f} : \mathbb{R}^n_{\geq 0} \to \mathbb{R} \text{ が凸関数}$$

正規化された集合関数 $f : 2^V \to \mathbb{R}$ について，定理 2.1 の対応関係の証明を与えます．

定理 2.1 における「f が劣モジュラ $\Rightarrow$ $\widehat{f}$ が凸」の証明．

f が劣モジュラの場合，式 (2.37) より $\widehat{f}(\boldsymbol{z}) = \max_{\boldsymbol{x}}\{\langle \boldsymbol{z}, \boldsymbol{x}\rangle : \boldsymbol{x} \in \mathrm{B}(f)\}$ となります．任意の非負ベクトル $\boldsymbol{z}_1, \boldsymbol{z}_2 \in \mathbb{R}^n_{\geq 0}$ と $0 \leq \alpha \leq 1$ を満たす任意の実数 α について考えましょう．$\alpha\boldsymbol{z}_1 + (1-\alpha)\boldsymbol{z}_2 \in C^L$ となる線形順序 L について，L に対応する $\mathrm{B}(f)$ の端点 $\boldsymbol{x}^L$ を用いると

$$\begin{aligned}
\widehat{f}(\alpha\boldsymbol{z}_1 + (1-\alpha)\boldsymbol{z}_2) &= \langle \alpha\boldsymbol{z}_1 + (1-\alpha)\boldsymbol{z}_2,\, \boldsymbol{x}^L\rangle \\
&= \alpha\langle \boldsymbol{z}_1,\, \boldsymbol{x}^L\rangle + (1-\alpha)\langle \boldsymbol{z}_2,\, \boldsymbol{x}^L\rangle \\
&\leq \alpha \max_{\boldsymbol{x}}\{\langle \boldsymbol{z}_1, \boldsymbol{x}\rangle : \boldsymbol{x} \in \mathrm{B}(f)\} \\
&\qquad + (1-\alpha)\max_{\boldsymbol{x}}\{\langle \boldsymbol{z}_2, \boldsymbol{x}\rangle : \boldsymbol{x} \in \mathrm{B}(f)\} \\
&= \alpha\widehat{f}(\boldsymbol{z}_1) + (1-\alpha)\widehat{f}(\boldsymbol{z}_2)
\end{aligned}$$

が成り立ちます．よって，$\widehat{f}$ は凸関数となります． □

定理 2.1 における「f が劣モジュラ $\Leftarrow$ $\widehat{f}$ が凸」の証明．

$\widehat{f}$ が凸関数であるとしましょう．任意の 2 つの部分集合 $S, T \subseteq V$ について考えます．ロヴァース拡張の定義式より次式が成り立ちます．

$$\widehat{f}(\boldsymbol{\chi}_S + \boldsymbol{\chi}_T) = \widehat{f}(\boldsymbol{\chi}_{S\cup T} + \boldsymbol{\chi}_{S\cap T}) = f(S \cup T) + f(S \cap T)$$

その一方で，$\widehat{f}$ の凸性から $\widehat{f}(\frac{\boldsymbol{\chi}_S+\boldsymbol{\chi}_T}{2}) \leq \frac{1}{2}(\widehat{f}(\boldsymbol{\chi}_S) + \widehat{f}(\boldsymbol{\chi}_T))$ が成り立ち，ロヴァース拡張の定義から $\widehat{f}(\frac{\boldsymbol{\chi}_S+\boldsymbol{\chi}_T}{2}) = \frac{1}{2}\widehat{f}(\boldsymbol{\chi}_S + \boldsymbol{\chi}_T)$ が成り立つので，

$$\widehat{f}(\boldsymbol{\chi}_S + \boldsymbol{\chi}_T) \leq \widehat{f}(\boldsymbol{\chi}_S) + \widehat{f}(\boldsymbol{\chi}_T) = f(S) + f(T)$$

が成り立ちます．以上より，劣モジュラ関数の定義式 (1.1) が得られ，f の劣モジュラ性が導かれます． □

2.5.3 劣モジュラ関数の多重線形拡張

正規化された劣モジュラ関数 $f : 2^V \to \mathbb{R}$ について，その多重線形拡張 $\widetilde{f} : [0,1]^n \to \mathbb{R}$ は f の「凹関数のような」拡張です．ただし 2.5.2 項で述べた，ロヴァース拡張を用いた劣モジュラ関数と凸関数の関係のようにきれいな性質が成り立つわけではありません．本書における最適化アルゴリズムでは利用しませんが，多重線形拡張はカリネスクら（Calinescu, Chekuri, Pál, Vondrák）の 2011 年の論文 [7] などで，様々な劣モジュラ関数最大化問題のアルゴリズムにおいて利用されています．

n 次元超立方体 $[0,1]^n$ に含まれる n 次元ベクトル $\boldsymbol{z} = (z_1, z_2, \ldots, z_n) \in [0,1]^n$ について，その多重線形拡張の関数値 $\widetilde{f}(\boldsymbol{z})$ は次式により定義されます．

$$\widetilde{f}(\boldsymbol{z}) = \sum_{S \subseteq V} \left(f(S) \prod_{i \in S} z_i \prod_{i \in V \setminus S} (1 - z_i) \right) \tag{2.39}$$

任意の $S \subseteq V$ について $\widetilde{f}(\boldsymbol{\chi}_S) = f(S)$ が成り立つため，多重線形拡張 $\widetilde{f}$ は自然な連続化関数となります．与えられた $\boldsymbol{z} = (z_1, \ldots, z_n) \in [0,1]^n$ について関数値 $\widetilde{f}(\boldsymbol{z})$ を厳密に計算するのは困難ですが，モンテカルロサンプリングによって十分よい近似値を得ることができます．

多重線形拡張は期待値による拡張であると解釈することができます．確率的に決まる部分集合 $\widetilde{S} \subseteq V$ を考え，各要素 $i \in V$ について独立に，$\widetilde{S}$ は確率 z_i で i を含み，確率 $1 - z_i$ で i を含まないものとしましょう．このとき

$\widetilde{f}(\boldsymbol{z})$ は $f(\widetilde{S})$ の期待値と一致して

$$\widetilde{f}(\boldsymbol{z}) = \mathbf{E}[f(\widetilde{S})]$$

となります．また $i \in V$ について，$\widetilde{f}(\boldsymbol{z})$ の z_i に関する偏微分を考えると

$$\frac{\partial}{\partial z_i}\widetilde{f}(\boldsymbol{z}) = \mathbf{E}[f(\widetilde{S})|i \in \widetilde{S}] - \mathbf{E}[f(\widetilde{S})|i \notin \widetilde{S}]$$

が成り立ちます．さらに $i, j \in V$ $(i \neq j)$ について

$$\begin{aligned}\frac{\partial^2}{\partial z_i \partial z_j}\widetilde{f}(\boldsymbol{z}) = \quad & \mathbf{E}[f(\widetilde{S})|i \in \widetilde{S},\ j \in \widetilde{S}] - \mathbf{E}[f(\widetilde{S})|i \in \widetilde{S},\ j \notin \widetilde{S}] \\ & - \mathbf{E}[f(\widetilde{S})|i \notin \widetilde{S},\ j \in \widetilde{S}] + \mathbf{E}[f(\widetilde{S})|i \notin \widetilde{S},\ j \notin \widetilde{S}]\end{aligned}$$

が成り立つため，f の劣モジュラ性から

$$\frac{\partial^2}{\partial z_i \partial z_j}\widetilde{f}(\boldsymbol{z}) \leq 0 \tag{2.40}$$

が成り立ちます．また，$\widetilde{f}$ の多重線形性より $i \in V$ について $\frac{\partial^2}{\partial z_i^2}\widetilde{f}(\boldsymbol{z}) = 0$ が成り立ちます．

劣モジュラ関数の多重線形拡張 $\widetilde{f}$ の凹性について眺めてみましょう．任意の 2 つのベクトル $\boldsymbol{a} \in \mathbb{R}^n_{\geq 0}$，$\boldsymbol{b} \in [0,1]^n$ を用いて 1 変数関数 $h : \mathbb{R} \to \mathbb{R}$ を $h(t) = \widetilde{f}(t\boldsymbol{a} + \boldsymbol{b})$ と定めます．このとき不等式 (2.40) より

$$\frac{\mathrm{d}^2}{\mathrm{d}t^2}h(t) \leq 0$$

が導かれるため h は凹関数となります．つまり $\widetilde{f}$ 自体は凹関数とは限りませんが，非負方向の直線に沿って $\widetilde{f}$ の関数値を見れば凹関数になることがわかります．

Chapter 3

劣モジュラ関数の最大化と貪欲法の適用

本章では，劣モジュラ関数の最大化として定式化される機械学習問題について考えます．劣モジュラ関数最大化の優れた近似アルゴリズムである貪欲法や，その理論的性質について説明します．そして，具体的な機械学習問題の劣モジュラ関数最大化としての定式化と，その解法について見ていきます．

本章では，劣モジュラ関数を最大化する問題について考えていきます．

$$\begin{aligned} &\text{目的：} \quad f(S) \longrightarrow \text{最大} \\ &\text{制約：} \quad S \subseteq V,\ |S| \leq k \end{aligned} \tag{3.1}$$

ただし通常，$f\colon 2^V \to \mathbb{R}$ は単調な劣モジュラ関数である場合を考えます．また制約条件は，選択する部分集合の要素数が最大で k (> 0) 個であることを課しています．第 1 章や第 2 章でも述べてきたように，劣モジュラ関数は，種々の分野での何らかの利得を表すことが多いため，それを最大化したいという定式化が多くの場面で見られます．そのように，劣モジュラ関数の最大化問題 (3.1) は，応用上も非常に重要なものであるといえます．

前章まで見てきたように，劣モジュラ性は，集合関数における凸性にあたる構造です．したがって（連続の）凸関数と同様に，最小化が効率的に行えます．しかし一方で，第 2 章で説明した多重線形拡張に見られるように，劣モジュラ関数は凹関数のような性質ももっているので，最大化においてもい

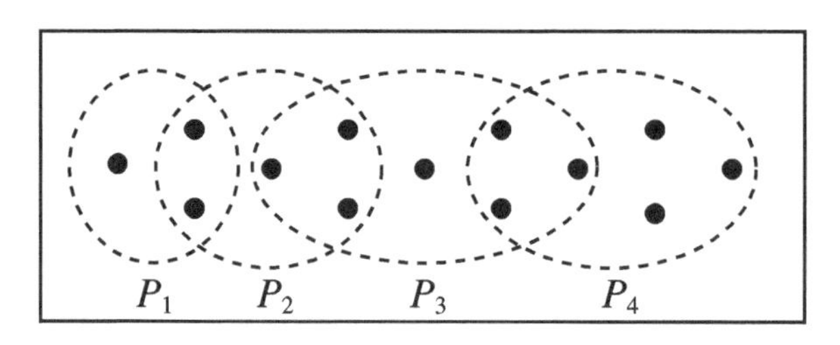

図 3.1 カバー関数の最大化問題（$k=2$）.

くつかの有用な性質をもっています．本章では，その代表的な例である最大化への貪欲法の適用を取り上げ，その性質について説明していきます．

また，劣モジュラ関数の最大化問題は，これまでも機械学習などにおける様々な問題へも適用されてきました．本章では，その例として，文書要約とセンサ配置問題，そして能動学習について取り上げ，解説します．

3.1 劣モジュラ最大化と貪欲法

単調な劣モジュラ関数の最大化問題 (3.1) は，NP 困難な最適化問題であることが知られています．このため，問題 (3.1) について厳密な最適解を多項式時間で求めることは困難です．本節では，劣モジュラ関数最大化 (3.1) について具体例を交えて説明し，さらに問題 (3.1) に対する優れた近似アルゴリズムである貪欲法について解説します．

3.1.1 劣モジュラ最大化と近似アルゴリズム

劣モジュラ関数の最大化について，最大化すべき単調な劣モジュラ関数として 2.1.1 項で定義したカバー関数を用いて，具体例を見てみましょう．図 3.1 のように点集合 P と P の $n=4$ 個の部分集合 $P_1, P_2, P_3, P_4 \subseteq P$ が与えられているとします．ここですべての点の重みは 1 であるとします．このとき，式 (2.3) によりカバー関数 $f_{\mathrm{cov}}\colon 2^{\{1,2,3,4\}} \to \mathbb{R}$ が定まります．問題 (3.1) において，目的関数 f をカバー関数 f_{cov}，要素数の上限を $k=2$ として，カバー関数最大化問題を考えてみましょう．

カバー関数最大化問題はいい換えると，P_1, P_2, P_3, P_4 のうち 2 つの集合を選び，できるだけ多くの点をカバーする問題となります．$V = \{1, 2, 3, 4\}$ の部分集合で要素数が 2 のものは $\{1,2\}$，$\{1,3\}$，$\{1,4\}$，$\{2,3\}$，$\{2,4\}$，$\{3,4\}$ の 6 通りあり，カバー関数の値をすべて求めると $f_{\rm cov}(\{1,2\}) = 6$，$f_{\rm cov}(\{1,3\}) = 10$，$f_{\rm cov}(\{1,4\}) = 9$，$f_{\rm cov}(\{2,3\}) = 9$，$f_{\rm cov}(\{2,4\}) = 11$，$f_{\rm cov}(\{3,4\}) = 10$ となります．よって，最大値を達成する $\{2,4\}$ が最適解であるとわかります．

台集合の要素数 n や要素数の上限 k がある程度大きくなると解の候補の個数は爆発的に大きくなるため，すべてを調べることは現実的には困難になります．実際，劣モジュラ関数最大化問題 (3.1) は NP 困難な最適化問題であることが知られています（その特殊ケースであるカバー関数最大化問題も NP 困難です）．このため，多項式時間アルゴリズムも設計できそうにありません．このような場合，最適化分野ではしばしば，**近似アルゴリズム**（**approximation algorithm**）が用いられます．実用上は，最適解ではなくても，十分よい近似解が高速に得られれば満足である場面も多いでしょう．さらに近似解の精度が理論的に保証されていれば，問題の入力に依存せずに，いつでもある程度の品質の解が得られることが保証できます．本書では，近似アルゴリズムという言葉を以下の 2 つの条件を満たすアルゴリズムとして用います．

- アルゴリズムによって近似解が多項式時間で得られる．
- 最適値とアルゴリズムによって得られる近似解の目的関数値の比が，どのような場合も一定値よりよくなることが理論的に保証される．

単調な劣モジュラ関数の最大化問題 (3.1) に対しては，3.1.2 項で記述するかなり単純な方法である貪欲法が，性能のよい近似アルゴリズムになることが理論的に保証できます．

近似アルゴリズムのよさについて議論するうえで重要な概念である，近似率について定義しましょう．目的関数を最大化するような，何らかの最適化問題 (P) について考えます．$\mathcal{A}_{\rm (P)}$ を問題 (P) の近似解を求める多項式時間アルゴリズムとします．問題 (P) が最大化問題であるため，明らかに次の不等式が成り立ちます．

$$(\mathcal{A}_{\rm (P)}\text{が出力する解の目的関数値}) \leq (\text{問題 (P) の最適値})$$

問題 (P) といっても問題の入力（数値やグラフの構造など）が変われば問題の性質も変化するため，$\mathcal{A}_{(\mathrm{P})}$ によって得られる近似解の精度も大きく変わり得る点に注意しましょう．α を $0 < \alpha \leq 1$ を満たす定数として，問題 (P) の任意の入力について，

$$\alpha \cdot (\text{問題 (P) の最適値}) \leq (\mathcal{A}_{(\mathrm{P})}\text{が出力する解の目的関数値})$$

が成立するとき，α を $\mathcal{A}_{(\mathrm{P})}$ の**近似率**（**approximation ratio**），あるいは**近似保証**（**approximation guarantee**）と呼びます [*1]．またこのとき，$\mathcal{A}_{(\mathrm{P})}$ を問題 (P) の α-近似アルゴリズムと呼びます．近似率 α は 1 に近ければ近いほどよく，特に，$\alpha = 1$ の場合には $\mathcal{A}_{(\mathrm{P})}$ は厳密な最適解を求めるアルゴリズムとなります．

3.1.2 項で記述する貪欲法は，0.63-近似アルゴリズムになっています．つまり，貪欲法によって得られる近似解は，単調劣モジュラ関数 f がどのように定められたものであったとしても，最適値の 0.63 倍以上の目的関数値を達成することが保証されます．この 0.63 という数字は，あくまで最悪の場合の数字である点に注意しましょう．一般論として，多くの場合で，α-近似アルゴリズムによって得られる近似解の目的関数値と最適値の比は，近似率 α よりずっとよくなります．

3.1.2 劣モジュラ最大化のための貪欲法

単調な劣モジュラ関数 $f\colon 2^V \to \mathbb{R}$ の最大化問題 (3.1) に対し，**貪欲法**（**greedy algorithm**）は，$S = \{\}$ からスタートして，$S \subseteq V$ の要素数が k になるまで「貪欲」に要素を増やしていく単純な方法です．具体的には，アルゴリズム 3.1 のようになります．

---

*1 最小化問題についても同様に近似率を定義することができます．その場合，近似率 α は 1 以上の値となります．

アルゴリズム 3.1 劣モジュラ関数最大化のための貪欲法

0. S を空集合 $\{\}$ とする.
1. $|S| = k$ ならば $S_{\mathrm{GA}} := S$ を出力して停止する.
2. $f(S \cup \{i\})$ を最大化する $i \in V \setminus S$ を 1 つ選び, $S \cup \{i\}$ を S とおきなおす. ステップ 1 へ進む.

このアルゴリズムの動きを理解するために, アルゴリズム 3.1 を 3.1.1 項で扱ったカバー関数最大化問題に適用してみましょう. **図 3.1** で定まるカバー関数 $f_{\mathrm{cov}}\colon 2^{\{1,2,3,4\}} \to \mathbb{R}$ を f, 要素数の上限を $k = 2$ として, アルゴリズム 3.1 を実行すると以下のようになります.

[初期化] ステップ 0 で $S = \{\}$ とおく.

[反復 **1**] ステップ 1 では $|S| = 0 < 2$ より停止しない. ステップ 2 では, $f_{\mathrm{cov}}(\{\}\cup\{1\}) = 3$, $f_{\mathrm{cov}}(\{\}\cup\{2\}) = 5$, $f_{\mathrm{cov}}(\{\}\cup\{3\}) = 7$, $f_{\mathrm{cov}}(\{\}\cup\{4\}) = 6$ より $i = 3$ が選ばれ, $S = \{\} \cup \{3\} = \{3\}$ となる.

[反復 **2**] ステップ 1 では $|S| = 1 < 2$ より停止しない. ステップ 2 では, $f_{\mathrm{cov}}(\{3\}\cup\{1\}) = 10$, $f_{\mathrm{cov}}(\{3\}\cup\{2\}) = 9$, $f_{\mathrm{cov}}(\{3\}\cup\{4\}) = 10$ より $i = 1$ が選ばれ ($i = 4$ でも構わない), $S = \{1\} \cup \{3\} = \{1, 3\}$ となる.

[反復 **3**] ステップ 1 では, $|S| = 2$ より $S_{\mathrm{GA}} := \{1, 3\}$ を出力してアルゴリズムは停止する.

アルゴリズム 3.1 によって得られる近似解は $S_{\mathrm{GA}} := \{1, 3\}$ となり, $f_{\mathrm{cov}}(S_{\mathrm{GA}}) = 10$ となります. 最適解は $S_{\mathrm{OPT}} = \{2, 4\}$ であり, 最適値は $f_{\mathrm{cov}}(S_{\mathrm{OPT}}) = 11$ となります. よってこの場合では, 近似解 S_{GA} は最適値の $10/11 \approx 0.91$ 倍程度の目的関数値をとります. **図 3.2** は, 近似解 S_{GA}, 最適解 S_{OPT} それぞれによってカバーされる点集合を示しています.

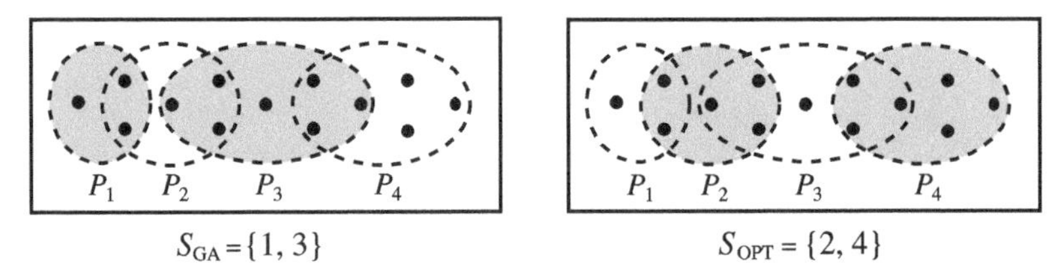

図 3.2 カバー関数最大化問題の近似解 S_{GA} と最適解 S_{OPT}.

要素数の上限が k であるような一般の場合の単調な劣モジュラ関数の最大化問題 (3.1) について，最適解を $S_{\mathrm{OPT}} \subseteq V$，アルゴリズム 3.1 が出力する近似解を $S_{\mathrm{GA}} \subseteq V$ としたとき，必ず次の不等式が成り立ちます.

$$\left(1-\left(1-\frac{1}{k}\right)^k\right) f(S_{\mathrm{OPT}}) \leq f(S_{\mathrm{GA}}) \tag{3.2}$$

また，$\alpha_k = 1-\left(1-\frac{1}{k}\right)^k$ は自然数 k に関して単調減少，かつ $k \to \infty$ のとき，$\alpha_k \to 1-\frac{1}{e} > 0.63$ となります．よって不等式 (3.2) から，アルゴリズム 3.1 は問題 (3.1) に対する 0.63-近似アルゴリズムであることがわかります．この不等式 (3.2) はネムハウザー（Nemhauser）らによって 1978 年に示されたものです[41]．不等式 (3.2) の証明は 3.1.3 項で与えます.

以下では，アルゴリズム 3.1 について，式 (3.2) の左辺の係数 $1-\left(1-\frac{1}{k}\right)^k$ がよりよい解析によって改善できるかどうか考えてみましょう．結論からいえば，この係数の値はタイトになっています．つまり，意地悪な単調劣モジュラ関数 f をもってきたときに，不等式 (3.2) が等式で成り立ちます．そのような関数 f の例は，カバー関数からもってくることができます．$k=3$ の場合の例として，**図 3.3** の左のように，集合 $P_1, \ldots, P_5$ が与えられている場合を考えて，このときのカバー関数を $f\colon 2^{\{1,2,3,4,5\}} \to \mathbb{R}$ としましょう．ただし，黒い点の重みは 1，白い点の重みは十分小さい正の値 $\varepsilon > 0$ であるとします．ここで，要素数の上限が $k=3$ の，カバー関数最大化問題を考えたとき，最適解は $S_{\mathrm{OPT}} = \{1, 2, 3\}$，アルゴリズム 3.1 が出力する近似解は，たとえば $S_{\mathrm{GA}} = \{1, 4, 5\}$ となります．よって，$f(S_{\mathrm{OPT}}) = 27 + 6\varepsilon$，$f(S_{\mathrm{GA}}) = 19 + 6\varepsilon$ となり，$\varepsilon \to 0$ のときその比は $1-\left(1-\frac{1}{3}\right)^3 = \frac{19}{27}$ と一致します．$k \geq 4$ についても同様にして，不等式 (3.2) が等式で成り立つ例

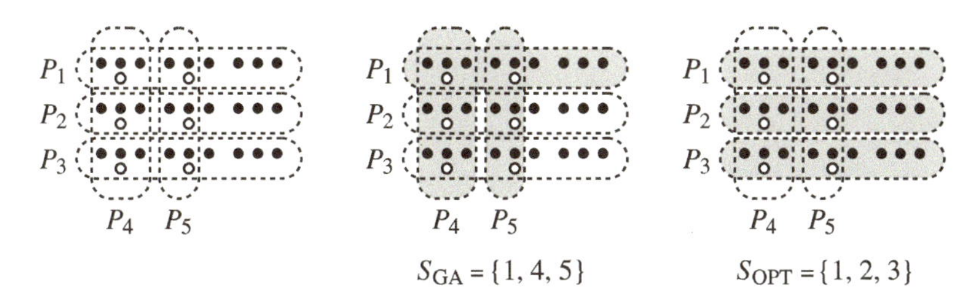

図 3.3 不等式 (3.2) が等式で成り立つ例.

を構成することができます.

3.1.3 貪欲法の近似率*

ここでは，アルゴリズム 3.1 が 0.63-近似アルゴリズムであることを保証する不等式 (3.2) を証明します.

不等式 (3.2) を示すために，いくつかの命題を準備します．次の命題は，単調性を満たさない一般の劣モジュラ関数についても成り立つ性質です.

命題 3.1

劣モジュラ関数 $f\colon 2^V \to \mathbb{R}$ と $T \subseteq T' \subseteq V$ について，次の不等式が成り立つ.

$$f(T') - f(T) \leq \sum_{j \in T' \setminus T} (f(T \cup \{j\}) - f(T)) \tag{3.3}$$

証明.

$T' \setminus T = \{j_1, \ldots, j_{|T' \setminus T|}\}$, $m = |T' \setminus T|$ としましょう．さらに,

$$T_0 = T,\ \ T_1 = T \cup \{j_1\},\ \ldots,\ \ T_\ell = T \cup \{j_1, \ldots, j_\ell\},\ \ldots,\\ T_m = T \cup \{j_1, \ldots, j_m\} = T'$$

とおきます．各 $\ell \in \{1, \ldots, m\}$ について，劣モジュラ性より

$$f(T_{\ell-1} \cup \{j_\ell\}) - f(T_{\ell-1}) \leq f(T \cup \{j_\ell\}) - f(T)$$

が成り立ち，すべての $\ell \in \{1, \ldots, m\}$ についてこの不等式の両辺の和をと

れば，不等式 (3.3) が得られます． □

単調な劣モジュラ関数 $f\colon 2^V \to \mathbb{R}$ の最大化問題 (3.1) に対し，アルゴリズム 3.1 を適用することで得られた k 個の要素を，アルゴリズム中に得られた順に i_1, i_2, …, i_k としましょう．さらに，各 $\ell \in \{1, \ldots, k\}$ について $S_\ell = \{i_1, \ldots, i_\ell\}$ として，$S_0 = \{\}$ とおきます．各 S_ℓ は，アルゴリズム 3.1 の ℓ 回目の反復が終了した時点の S と一致することに注意しましょう．また，問題 (3.1) の最適解の 1 つを $S_{\mathrm{OPT}} \subseteq V$ とします．このとき，命題 3.2 と命題 3.3 が成り立ちます．

命題 3.2

各 $\ell \in \{1, \ldots, k\}$ について，次の不等式が成り立つ．

$$\begin{aligned} f(S_\ell) - f(S_{\ell-1}) &\geq \frac{1}{|S_{\mathrm{OPT}} \setminus S_{\ell-1}|}(f(S_{\mathrm{OPT}}) - f(S_{\ell-1})) \\ &\geq \frac{1}{k}(f(S_{\mathrm{OPT}}) - f(S_{\ell-1})) \end{aligned} \tag{3.4}$$

証明．

$\ell \in \{1, \ldots, k\}$ について，次の不等式が得られます．

$$\begin{aligned} &f(S_{\mathrm{OPT}}) - f(S_{\ell-1}) \\ &\quad\leq\ f(S_{\mathrm{OPT}} \cup S_{\ell-1}) - f(S_{\ell-1}) \\ &\quad\leq\ \sum_{i \in S_{\mathrm{OPT}} \setminus S_{\ell-1}} (f(S_{\ell-1} \cup \{i\}) - f(S_{\ell-1})) \\ &\quad\leq\ |S_{\mathrm{OPT}} \setminus S_{\ell-1}| \cdot \max_{i \in S_{\mathrm{OPT}} \setminus S_{\ell-1}} (f(S_{\ell-1} \cup \{i\}) - f(S_{\ell-1})) \\ &\quad\leq\ |S_{\mathrm{OPT}} \setminus S_{\ell-1}| \cdot (f(S_\ell) - f(S_{\ell-1})) \end{aligned}$$

ここで，1 つ目の不等式は f の単調性から成立，2 つ目の不等式は命題 3.1 から成立，4 つ目の不等式はアルゴリズム 3.1 における i_ℓ の選び方から成立します．さらに，$|S_{\mathrm{OPT}} \setminus S_{\ell-1}| \leq k$ より不等式 (3.4) が得られます． □

定理 3.3

各 $\ell \in \{1, \ldots, k\}$ について，次の不等式が成り立つ．

$$f(S_\ell) \geq \left(1 - \left(1 - \frac{1}{k}\right)^{\ell}\right) \cdot f(S_{\mathrm{OPT}}) \tag{3.5}$$

証明.

ℓ に関する帰納法で証明しましょう．$\ell = 1$ の場合は，命題 3.2 で $\ell = 1$ とすれば $f(S_1) \geq f(S_{\mathrm{OPT}})/k$ が成立します．$\ell \geq 1$ としたとき，

$$\begin{aligned} f(S_{\ell+1}) &\geq f(S_\ell) + \frac{1}{k}(f(S_{\mathrm{OPT}}) - f(S_\ell)) \\ &= \left(1 - \frac{1}{k}\right) f(S_\ell) + \frac{1}{k} f(S_{\mathrm{OPT}}) \\ &\geq \left(1 - \frac{1}{k}\right)\left(1 - \left(1 - \frac{1}{k}\right)^{\ell}\right) \cdot f(S_{\mathrm{OPT}}) + \frac{1}{k} f(S_{\mathrm{OPT}}) \\ &= \left(1 - \left(1 - \frac{1}{k}\right)^{\ell+1}\right) \cdot f(S_{\mathrm{OPT}}) \end{aligned}$$

が得られます．ここで，1 つ目の不等式は命題 3.2 から成立，3 つ目の不等式は帰納法の仮定より成立します．よって，各 $\ell \in \{1, \ldots, k\}$ について不等式 (3.5) が示されました． □

定義より $S_k = S_{\mathrm{GA}}$ であることに注意しましょう．命題 3.3 において $\ell = k$ とすれば，ただちに不等式 (3.2) が得られます．

3.2　適用例１：文書要約への適用

最初の劣モジュラ最大化の適用例として，文書要約を考えてみましょう．ここでの設定は，ある文章が与えられたときに，その文章を構成する文の中から，できるだけもとの文章を表現できるような，その一部の文を選択するというものです．直感的には，文を 1 つずつ足していくと徐々にもとの文章

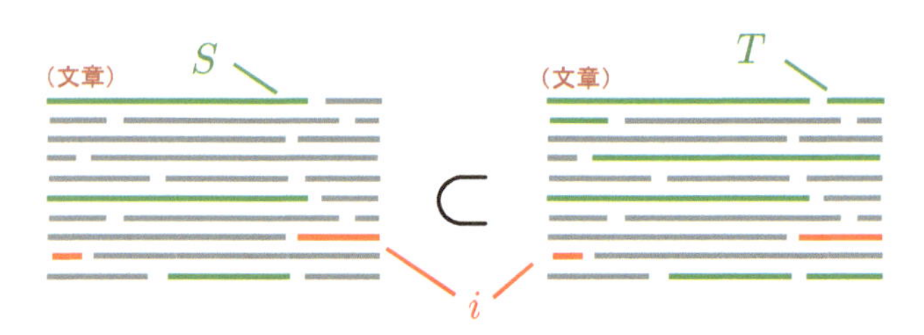

図 3.4 文書要約における劣モジュラ関数の定義式 (1.2) の概念図.

の意味を表す表現力は高まるでしょうし，その効果は，すでに採用した文が多ければ小さくなっていくように思えます（定義式 (1.2) を思い出してください．また図 3.4 も参照してください）．そのように，文書要約は，劣モジュラ最大化問題の代表的な例の 1 つです．実際，文書要約でよく用いられる規準がこのような効果をもっていることが多いということが知られています．

3.2.1 文書要約の劣モジュラ最大化としての定式化

ある文章が与えられたとき，その文章を構成する文を要素とする有限集合 $V = \{1, \ldots, n\}$ を考えます．一般に，文書要約において選択される文の集合 $S \subseteq V$ がもつべき重要な規準として，文章全体に対して関連の高い文の集合を選択することと，選択する文間の冗長性を少なくするように文の集合を選択することが挙げられます．前者を表す関数を $\mathcal{L}(S)$，後者を $\mathcal{R}(S)$ のように表すとすると，一般に相反するこれらのトレードオフは各応用場面によるので，トレードオフを調整するパラメータ λ を用いて次式のように規準を表すことができます．

$$f_{\mathrm{doc}}(S) = \mathcal{L}(S) + \lambda \mathcal{R}(S)$$

それでは，具体的に各々の関数がどのように定義されるか考えていきましょう．まず関連性を評価する関数 $\mathcal{L}(S)$ としては，たとえば，2 文間の相関を s_{ij} として $\mathcal{L}(S) = \sum_{i \in V, j \in S} s_{ij}$ のように与えることができます．直感的には，文章全体と関連の高い文を選択しようという規準になります．あるいは概念に基づく要約の場合，文の集合 S に含まれる概念の集合を $\Gamma(S)$ のように表すとすると，各概念 $i \in \Gamma(S)$ の重要度 γ_i の和として，$\mathcal{L}(S) = \sum_{i \in \Gamma(S)} \gamma_i$

のように定義されます．また最近，リン（Lin）とビルメス（Bilmes）は，次のように定義される規準を導入しています[35]．

$$\mathcal{L}(S) = \sum_{i \in V} \min\{\mathcal{C}_i(S), \gamma \mathcal{C}_i(V)\}$$

ただし，$\mathcal{C}_i(S)\colon 2^V \to \mathbb{R}$ は選択した文の集合がどれだけ文 i に類似しているか，つまりは文 i がどの程度 S によりカバーされているかを表す単調な劣モジュラ関数です．また，$0 \leq \gamma \leq 1$ はしきい値を調整するためのパラメータです．このような関数 $\mathcal{C}_i$ としては，たとえば $\mathcal{C}_i(S) := \sum_{j \in S} s_{ij}$ として定義できます．この規準は直感的には，次のように説明できます．まず，$\mathcal{C}_i(V)$ は $\mathcal{C}_i(S)$ が到達できる最大値です．ある文 i に関して，$\mathcal{C}_i(S)$ が $\gamma \mathcal{C}_i(V)$ 以上となった場合は，まだ $\gamma \mathcal{C}_i(V)$ に到達していない別の文 j に関してのみ $\mathcal{L}(S)$ の値を改善することができます．このように，まんべんなく文全体の意味がカバーされるような規準になっています．なお，ここで述べた関連性に関する規準は，容易に確認できるように，いずれも単調な劣モジュラ関数になっています．

冗長性に関しては，冗長な文に対して何らかの罰則を課すのも 1 つの有効な手段です．またたとえば次式のように，文の集合 S を選択することの多様性に対する報酬を加えることも有効であることが知られています．

$$\mathcal{R}(S) = \sum_{k=1}^{K} \sqrt{\sum_{j \in P_k \cap S} r_j}$$

ここで，P_k（$k = 1, \ldots, K$）は文全体の分割（つまり $\bigcup_k P_k = V$ で，異なる $k, l \in \{1, \ldots, K\}$ に対して $P_k \cap P_l = \{\}$）で，$r_j > 0$ は新しく文 j を空集合へ加えることに対する報酬を表します．分割 P_i を得るためには，たとえば文章全体に対してクラスタリングを行うことで得られます．つまりこの規準を用いることで，まだ 1 度も選ばれていない分割の中から文 i を選ぶことに対して報酬を加えることで，選択する文の多様性を確保します．この場合の $\mathcal{R}$ の劣モジュラ性は，平方根部分が非減少の凹関数であることから示せます（2.1.3 項を思い出してください）．

上記のような関数を用いて構成される関数 f_{doc} は，単調な劣モジュラ関数の和となっているため，これ自体単調な劣モジュラ関数です．そのように，

規準 f_{doc} を用いた文書要約は，劣モジュラ関数の最大化問題へと帰着されました．k 個以下の文から成る要約を考えれば十分な場合は，f_{doc} の単調性から，これはまさに問題 (3.1) として定式化されます．

一方で，実用的には，文の長さもまちまちでしょうし，単に文の数だけに制約を課したのでは長い文ばかりが選ばれてしまうかもしません．そのような場合，たとえば，文の長さをコストとみなし，選択した文のコストの和で制約を課すのも 1 つの有効な定式化でしょう．各文のコストを c_i とすると，このような定式化は次のように表されます．

$$\begin{aligned} &\text{目的：} \quad f_{\mathrm{doc}}(S) \longrightarrow \text{最大} \\ &\text{制約：} \quad S \subseteq V,\ \sum_{i \in S} c_i \leq k \end{aligned} \tag{3.6}$$

式 (3.6) の制約のように，選択した集合 S に関するコストの和に対する制約は**ナップサック制約**（**knapsack constraint**）と呼ばれます．要素数制約の場合と同様，f が単調関数であれば，問題 (3.6) への貪欲法の適用により近似率として 0.63 が得られることが知られています[51]．アルゴリズム 3.2 に，ナップサック制約下の劣モジュラ関数最大化のための貪欲法を示します (0.63-近似アルゴリズムは少し複雑になるので，アルゴリズム 3.2 ではその簡略版を記述しています)．要素数制約の場合との違いは，ステップ 3 で，コストで正規化された関数の値を最大とする要素を選択するという点のみです．

アルゴリズム 3.2　ナップサック制約下劣モジュラ関数最大化のための貪欲法

0. S', S を空集合 $\{\}$ とする．
1. $\sum_{i \in S} c_i > k$ ならば $S_{\mathrm{GA}} := S'$ を出力して停止する．
2. $S' \leftarrow S$ とする．
3. $f(S \cup \{i\})/c_i$ を最大化する $i \in V \setminus S$ を 1 つ選び，$S \cup \{i\}$ を S とおきなおす．ステップ 1 へ進む．

3.2.2　文書要約のその他の規準

この節の冒頭でも述べたように，文書要約の問題設定は，劣モジュラ関数の逓減性を表す定義式 (1.2) によく合致するものだといえます．したがって，劣モジュラ性を満たす文書要約の規準は $f_{\rm doc}$ に限りません．実際，$f_{\rm doc}$ 以外の，劣モジュラ性をもつ文書要約の規準もいくつか知られています．ここでは，そのいくつかについて簡単に紹介したいと思います．

まず，従来からよく用いられてきた**最大限界関連度**（**maximum marginal relevance**）[8] は，その代表例であるといえます．最大限界関連度では，すでに選択されている文の集合 S に対して，新しい文 $i \in V$ を加えたときの増分が次式のように与えられます．

$$\lambda \, \mathrm{Sim}_1(i, q) - (1-\lambda) \max_{j \in S} \mathrm{Sim}_2(j, i)$$

ここで，$\mathrm{Sim}_1(i, q)$ は文 i とクエリー q の間の類似度，$\mathrm{Sim}_2(j, i)$ は文 j と i の間の類似度を表し，また $0 \le \lambda \le 1$ はこれらの間のバランスを調整する係数になっています．文 i を加えることによる差分が上式により定義される集合関数は，劣モジュラ性の逓減性の定義（式 (1.2)）から，劣モジュラ関数となることが示せます．ただし，この関数は非単調になっています．

また，リン（Lin）により提案され，最近でも実用的にもよく用いられる ROUGE-N スコアも単調劣モジュラ関数であることが知られています [34]．この規準は，候補となる要約と参照となるそれとの間の n-gram*2 に基づく再現率として定義され，次式のように表されます．

$$f_{\mathrm{ROUGE-N}}(S) = \frac{\sum_{k=1}^{K} \sum_{e \in R_k} \min(c_e(S), r_{e,k})}{\sum_{k=1}^{K} \sum_{e \in R_k} r_{e,k}}$$

ただし，$c_e \colon 2^V \to \mathbb{Z}_{\ge 0}$ は要約 S の中の n-gram e の個数，R_k $(k = 1, \ldots, K)$ は参照となる要約 k の中に含まれる n-gram の集合，そして $r_{e,k}$ は参照となる要約 k の中の n-gram e の個数を表します．ROUGE-N により得られる要約は，人間の感覚に近いことが知られています．

---

*2　シャノン（Shannon）により提案された古典的な言語モデルの一種です [50]．

3.3 適用例 2: センサ配置問題

次の適用例として，ある空間内で何らかの物理量（たとえば室温など）をセンサを用いて観測するという状況において，できるだけその観測誤差が小さくなるように，いくつかのセンサを配置する問題を考えてみたいと思います．第 2 章では，これと類似した状況をカバー関数を使って少し考えましたが，ここではこの問題を**ガウス過程回帰**（**Gaussian process regression**）によりモデル化し，最終的に劣モジュラ最大化問題へ帰着します．

3.3.1 ガウス過程回帰による分布の推定

まず，センサを置き得る箇所が $\boldsymbol{x}_1, \ldots, \boldsymbol{x}_n$ の n 個あるとし，その各箇所を表す添え字から成る集合を $V = \{1, \ldots, n\}$ と表すことにします．現実的には，空間は連続的ですので，センサの置き得る箇所も有限ではない場合が普通ですが，どの程度の粒度で箇所を考えれば十分かについてはあとで言及することにします．今，センサを $S \subseteq V$ に対応する箇所に設置したとします．一般に，センサの観測はノイズを含むと考えるのが自然でしょう．また複数のセンサを用いるので，互いに情報を補完し合って，たとえば近い箇所にセンサが複数ある場合は，その付近の観測は誤差が小さい（つまり，観測量に関する予測分布の分散が小さくなる）ことが予想されます．このような不確実性を考慮して，ここでは実際にセンサを置いた箇所 $S \subseteq V$ における観測量 $\boldsymbol{y}_S$ の分布が，多次元正規分布に従うとします．つまり，確率密度関数が次式のように与えられるとします．

$$p(\boldsymbol{y}_S) = \mathcal{N}(\boldsymbol{\mu}_S, \Sigma_S) = \frac{1}{(2\pi)^{|V|/2}|\Sigma_S|} e^{-\frac{1}{2}(\boldsymbol{y}_S - \boldsymbol{\mu}_S)^\top \Sigma_S^{-1}(\boldsymbol{y}_S - \boldsymbol{\mu}_S)} \tag{3.7}$$

$\boldsymbol{\mu}_S$ は平均ベクトル，Σ_S は分散共分散行列，そして $|\Sigma_S|$ は行列式です．

当然ながら，通常はセンサを置いた箇所だけではなく空間内全体で観測誤差がどのようになるかを見たいので，次に，（センサを置いた箇所とは限らない）任意の箇所 $\boldsymbol{x}$ の観測量 $y(\boldsymbol{x})$ の分布を考えます．ここではこの分布も，正規分布に従うと考えます．

$$p(y(\boldsymbol{x})) = \mathcal{N}(\mu(\boldsymbol{x}), \sigma^2(\boldsymbol{x}))$$

平均 $\mu(\boldsymbol{x})$ と分散 $\sigma^2(\boldsymbol{x})$ が，箇所 $\boldsymbol{x}$ の関数として，非線形性を表せるようにモデル化してある点に注意しましょう．また分布 $p(y(\boldsymbol{x}))$ は，まだセンサによる観測を考慮したものにはなっていない点も注意してください．実際には，センサを置いた箇所の観測量を手がかりに箇所 $\boldsymbol{x}$ の観測量 $y(\boldsymbol{x})$ がどうなっているかを考えたいので，センサを置いた箇所の観測量 $\boldsymbol{y}_S$ を条件とする，条件つき確率分布 $p(y(\boldsymbol{x})|\boldsymbol{y}_S)$（事後確率分布）が知りたい分布になります．

それでは，ここまでの準備をもとに，この条件つき分布 $p(y(\boldsymbol{x})|\boldsymbol{y}_S)$ がどのようになるかを考えていきます．そのためにまず，各箇所（センサを置いた箇所 $i \in S$，または分布を知りたい箇所 $\boldsymbol{x}$）における観測量の間の共分散を，カーネル関数 $K(\boldsymbol{x}, \boldsymbol{x}')$（共分散関数とも呼ばれる）により与えます．カーネル関数としては，たとえば，次式のように表される**放射基底関数カーネル**（**radial basis function kernel**）（または，ガウシアンカーネルとも呼ばれる）がよく用いられます．

$$K(\boldsymbol{x}, \boldsymbol{x}') = \exp\left(-\frac{\|\boldsymbol{x} - \boldsymbol{x}'\|^2}{2\gamma^2}\right)$$

$\gamma > 0$ はこのカーネル関数のパラメータです．このとき，観測量 $y(\boldsymbol{x})$ と $\boldsymbol{y}_S$ の同時分布は，次のようになります．

$$p\begin{pmatrix} y(\boldsymbol{x}) \\ \boldsymbol{y}_S \end{pmatrix} = \mathcal{N}\left(\begin{bmatrix} \mu(\boldsymbol{x}) \\ \boldsymbol{\mu}_S \end{bmatrix}, \begin{bmatrix} K_0 & \boldsymbol{k}^\top \\ \boldsymbol{k} & \Sigma_S \end{bmatrix}\right) \tag{3.8}$$

ただし，$K_0 := K(\boldsymbol{x}, \boldsymbol{x})$，また $\boldsymbol{k}$ の各要素は $K(\boldsymbol{x}, \boldsymbol{x}_i)$（$i \in S$）を表します．

式 (3.8) を用いれば，条件つき分布 $p(y(\boldsymbol{x})|\boldsymbol{y}_S) = \mathcal{N}(\mu(\boldsymbol{x}|S), \sigma^2(\boldsymbol{x}|S))$ は，下記の分割公式 (3.9) を用いて最終的に次のように得られます．

$$\begin{aligned} \mu(\boldsymbol{x}|S) &= \mu(\boldsymbol{x}) + \boldsymbol{k}^\top \Sigma_S^{-1}(\boldsymbol{y}_S - \boldsymbol{\mu}_S) \\ \sigma^2(\boldsymbol{x}|S) &= K_0 - \boldsymbol{k}^\top \Sigma_S^{-1} \boldsymbol{k} \end{aligned}$$

多次元正規分布 $\mathcal{N}(\boldsymbol{\mu}, \Sigma)$ に従う確率変数 $\boldsymbol{x}$ が与えられているとします．今，$\boldsymbol{x}$ を $\boldsymbol{x} = (\boldsymbol{x}_a^\top, \boldsymbol{x}_b^\top)^\top$ のように分割したとします．さ

らに，この分割に応じて，平均ベクトル $\boldsymbol{\mu}$ と分散共分散行列 Σ を次のように分割します．

$$\boldsymbol{\mu} = \begin{pmatrix} \boldsymbol{\mu}_a \\ \boldsymbol{\mu}_b \end{pmatrix},\ \Sigma = \begin{pmatrix} \Sigma_{aa} & \Sigma_{ab} \\ \Sigma_{ab}^\top & \Sigma_{bb} \end{pmatrix}$$

このとき，$\boldsymbol{x}_b$ が与えられたときの $\boldsymbol{x}_a$ の条件つき分布 $p(\boldsymbol{x}_a|\boldsymbol{x}_b)$ は，正規分布となり，それを $\mathcal{N}(\boldsymbol{\mu}_{a|b}, \Sigma_{a|b})$ のように書くと，その平均ベクトルと分散共分散行列は次式のように表されます．

$$\begin{aligned} \boldsymbol{\mu}_{a|b} &= \boldsymbol{\mu}_a + \Sigma_{ab}\Sigma_{bb}^{-1}(\boldsymbol{x}_b - \boldsymbol{\mu}_b) \\ \Sigma_{a|b} &= \Sigma_{aa} - \Sigma_{ab}\Sigma_{bb}^{-1}\Sigma_{ab}^\top \end{aligned} \tag{3.9}$$

またここで説明したガウス過程回帰は，極めて基本的な考え方のみです．さらに詳細なモデル化や理論的性質などについては，文献 [46] などが参考になるでしょう．ただしここで大事なことは，モデル化による違いは，後述のセンサ配置をする規準を評価するための量（ここでは条件つきの予測分布の分散）の異なる計算方法を与える点でのみ異なってくることに注意してください．

3.3.2 センサ配置の規準と劣モジュラ性

それでは，このような分布の計算方法をおさえたうえで，センサ配置のよさを評価する規準へ話を移します．ここではその規準として，配置したセンサによって，考えている領域の任意の箇所 $\boldsymbol{x}$ における観測の不確実性をどれほど小さくできるか，という規準を考えていきましょう．

観測の不確実性としては，エントロピーが一般的によく用いられます．確率変数 $\boldsymbol{y}$ の同時エントロピー $H(\boldsymbol{y})$，および別の変数 $\boldsymbol{y}'$ を条件とする条件つきエントロピー $H(\boldsymbol{y}|\boldsymbol{y}')$ は，それぞれ次式のように定義されます．

$$H(\boldsymbol{y}) = -\int p(\boldsymbol{y})\log(p(\boldsymbol{y}))\mathrm{d}\boldsymbol{y}$$

$$H(\boldsymbol{y}|\boldsymbol{y}') = -\int p(\boldsymbol{y},\boldsymbol{y}')\log(p(\boldsymbol{y}|\boldsymbol{y}'))\mathrm{d}\boldsymbol{y}\mathrm{d}\boldsymbol{y}'$$

なお，これまで考えてきたような正規分布を仮定した場合は，センサを箇所 S に置いたときの，ある箇所 $\boldsymbol{x}$ における観測量 $y(\boldsymbol{x})$ の条件つきエントロピーは次式のように表されます．

$$
\begin{aligned}
H(y(\boldsymbol{x})|\boldsymbol{y}_S) &= -\int p(y(\boldsymbol{x}), \boldsymbol{y}_S) \log p(y(\boldsymbol{x})|\boldsymbol{y}_S) \mathrm{d}y(\boldsymbol{x}) \mathrm{d}\boldsymbol{y}_S \\
&= \frac{1}{2}\log(2\pi e \sigma^2(\boldsymbol{x}|S)) = \frac{1}{2}\log\sigma^2(\boldsymbol{x}|S) + \frac{1}{2}(\log(2\pi)+1)
\end{aligned}
\tag{3.10}
$$

この式の値は，先述のガウス過程回帰により得られる $\sigma^2(\boldsymbol{x}|S)$ を用いて計算できることがわかります．

これらエントロピーを用いれば，センサを箇所 S に置いたことで，どの程度観測量 $y(\boldsymbol{x})$ の不確実性を減らすことができるかは，$H(y(\boldsymbol{x})) - H(y(\boldsymbol{x})|\boldsymbol{y}_S)$ のように定量化できます．現実的には，任意の箇所についてこの量を計算することはできませんので，いくつかの代表的な箇所 $\bar{\boldsymbol{x}}_1, \ldots, \bar{\boldsymbol{x}}_m$ をあらかじめ選択しておき，これらの箇所と，センサを置けなかった箇所 $V \setminus S$ についてのこの量を評価することになるでしょう．

$$
\mathrm{MI}(S) := H(\boldsymbol{y}(\bar{\boldsymbol{x}}), \boldsymbol{y}_{V\setminus S}) - H(\boldsymbol{y}(\bar{\boldsymbol{x}}), \boldsymbol{y}_{V\setminus S}|\boldsymbol{y}_S)
$$

ただし，$\boldsymbol{y}(\bar{\boldsymbol{x}}) := (y(\bar{\boldsymbol{x}}_1), \ldots, y(\bar{\boldsymbol{x}}_m))$ です．この量は，$\boldsymbol{y}_S$ と $(\boldsymbol{y}_{V\setminus S}, \boldsymbol{y}(\bar{\boldsymbol{x}}))$ の**相互情報量**（**mutual information**）とも呼ばれます．

命題 3.4

集合関数 $\mathrm{MI}\colon 2^V \to \mathbb{R}$ は劣モジュラ関数である．

証明.

それでは，この命題の証明について確認してみましょう．まず “information never hurts bound” としてもよく知られるように，エントロピーには，次式で表されるような単調性があります．

$$
H(y(\boldsymbol{x})|\boldsymbol{y}_S) \geq H(y(\boldsymbol{x})|\boldsymbol{y}_{S\cup T}) \tag{3.11}
$$

ただし $T \subseteq V$ です．直感的には，多くの観測が得られればそれだけ情報量が増えて不確実性が小さくなるということを意味しています．また，相互情

報量 $\mathrm{MI}(S)$ について，

$$\begin{aligned}\mathrm{MI}(S) &= H(\boldsymbol{y}(\bar{\boldsymbol{x}}), \boldsymbol{y}_{V\setminus S}) - H(\boldsymbol{y}(\bar{\boldsymbol{x}}), \boldsymbol{y}_{V\setminus S}|\boldsymbol{y}_S)\\ &= H(\boldsymbol{y}(\bar{\boldsymbol{x}}), \boldsymbol{y}_{V\setminus S}) - (H(\boldsymbol{y}(\bar{\boldsymbol{x}}), \boldsymbol{y}_V) - H(\boldsymbol{y}_S))\end{aligned}$$

という関係が成り立ちますので，次式が得られます．

$$\begin{aligned}&\mathrm{MI}(S\cup\{i\}) - \mathrm{MI}(S)\\ &= (H(\boldsymbol{y}(\bar{\boldsymbol{x}}), \boldsymbol{y}_{V\setminus(S\cup i)}) - H(\boldsymbol{y}(\bar{\boldsymbol{x}}), \boldsymbol{y}_V) + H(\boldsymbol{y}_{S\cup i}))\\ &\quad - (H(\boldsymbol{y}(\bar{\boldsymbol{x}}), \boldsymbol{y}_{V\setminus S}) - H(\boldsymbol{y}(\bar{\boldsymbol{x}}), \boldsymbol{y}_V) + H(\boldsymbol{y}_S))\\ &= (H(\boldsymbol{y}_{S\cup i}) - H(\boldsymbol{y}_S)) - (H(\boldsymbol{y}(\bar{\boldsymbol{x}}), \boldsymbol{y}_{V\setminus S}) - H(\boldsymbol{y}(\bar{\boldsymbol{x}}), \boldsymbol{y}_{V\setminus(S\cup i)}))\\ &= H(i|\boldsymbol{y}_S) - H(i, \boldsymbol{y}(\bar{\boldsymbol{x}})|\boldsymbol{y}_{V\setminus(S\cup i)})\end{aligned} \tag{3.12}$$

これらの関係式を用いると，任意の $S\subseteq T\subseteq V$，$i\in V\setminus T$ に関して，次式が得られます．

$$\begin{aligned}&(\mathrm{MI}(T\cup\{i\}) - \mathrm{MI}(T)) - (\mathrm{MI}(S\cup\{i\}) - \mathrm{MI}(S))\\ &= (H(i|\boldsymbol{y}_T) - H(i|\boldsymbol{y}_S)) + (H(i, \boldsymbol{y}(\bar{\boldsymbol{x}})|\boldsymbol{y}_{V\setminus(S\cup i)}) - H(i, \boldsymbol{y}(\bar{\boldsymbol{x}})|\boldsymbol{y}_{V\setminus(T\cup i)}))\\ &\le 0\end{aligned}$$

2 行目から 3 行目へは，$S\subseteq T$，そして $V\setminus(T\cup\{i\})\subseteq V\setminus(S\cup\{i\})$ であるので，式 (3.11) から導かれます．そのように，劣モジュラ関数の定義式 (1.2) から MI が劣モジュラ関数であることが示せました．□

我々の目的は，この相互情報量 MI を最大にするセンサ配置箇所 S を求めることでした．その際，センサを置く個数については，無数にセンサを配置するというのは現実的ではなく，置くことができる個数を限定することが自然でしょう．そのように，本節で考えてきた，配置するセンサにより観測量の不確実性をできるだけ大きく減らすという問題は，次式のように表すことができます．

$$\begin{aligned}&\text{目的：}\quad \mathrm{MI}(S) \longrightarrow \text{最大}\\ &\text{制約：}\quad S\subseteq V,\ |S|\le k\end{aligned} \tag{3.13}$$

命題 3.4 で見たように，上式の目的関数は劣モジュラ関数ですので，本問題は要素数制約下の劣モジュラ関数最大化として定式化されたわけです．

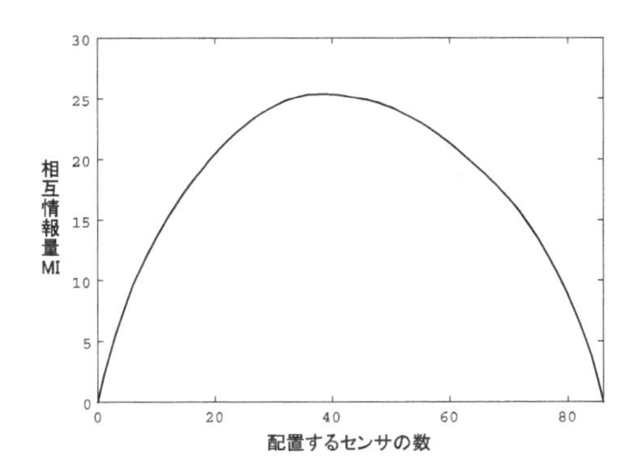

図 3.5 Merced データにおいて，貪欲的に選択したセンサに関する相互情報量 MI(S) の推移.

ただし，相互情報量 MI は単調ではありません．これは，$m = 0$ の場合に，$\mathrm{MI}(\{\ \}) = \mathrm{MI}(V) = 0$ であることからもわかります．そのため，このままでは 3.1 節で説明した貪欲法による近似率 0.63 の保証も得られないように思われます．しかし，上述の近似率の証明を注意深く見ると，この保証は可能なすべての集合に対して単調性を要求しているわけではなく，要素数が $2k$ までの全集合に対して単調性があれば十分であることがわかります．直感的には，相互情報量 MI は，台集合の要素数 $|V|$ に近い集合になれば図 3.5 のように単調性を失うことが予想されます．したがって，センサ配置の文脈ではセンサ配置可能な箇所を増やす，つまり離散化の度合いを細かくすることで，$|V|$ を $2k$ に対して十分大きくしてこの問題を回避できることがわかります．この詳細については，補足 3.6 において説明を行います．

なお，ここで考えてきた相互情報量以外の規準を用いた場合や，改良された貪欲法などに関する記述は，文献 [30] も参照してください．

3.4 適用例 3: 能動学習

もう 1 つの例として，能動学習の劣モジュラ関数最大化としての定式化を考えます．能動学習は，教師あり学習においてラベルづけのコストが高いような場合に，重要なサンプルのみを選択してラベルづけを行うための方法で，

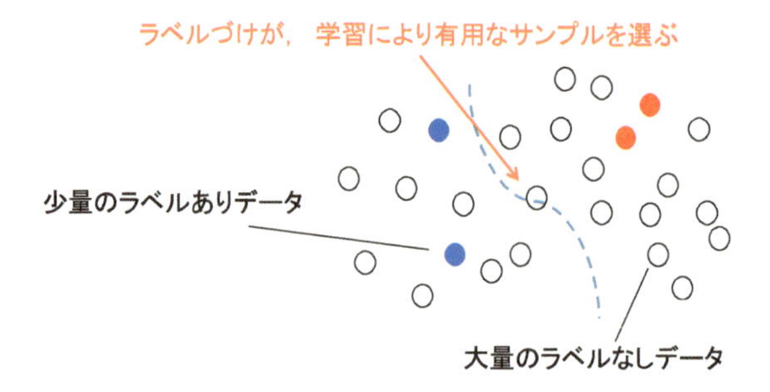

図 3.6 プールベース型能動学習の概念図.

機械学習における重要な問題の１つです.

ここでは，一般にプールベース型と呼ばれる能動学習の設定を考えます.

プールベース型能動学習（**pool-based active learning**）では，ラベルのないサンプルが手元に多数ある際に，その中から学習に有用となるラベルづけを行うサンプルを選択するという問題を扱います（図 3.6 も参照）．その際，ここではラベルづけを行うサンプルを複数同時に選択するという設定を考えます．このような問題は，**一括型能動学習**（**batch-mode active learning**）とも呼ばれ，この設定からもわかるように一種の集合関数の最適化問題になっています．さらに，一般には，すでにラベルづけされているサンプルが多ければ多いほど，新しくラベルづけするサンプルの有用性は徐々に小さくなっていくという逓減的性質が成り立つため，劣モジュラ関数とも深く関連しています.

3.4.1 一括型能動学習と劣モジュラ性

一括型能動学習の問題設定から説明します．ここでは簡単のため，二値分類器を対象として考えます *3．まず，ラベルづけされていないサンプルを $\boldsymbol{x}_1, \ldots, \boldsymbol{x}_n \in \mathbb{R}^d$ とし，その添え字の集合を $V = \{1, \ldots, n\}$ と定義します．さらに，各サンプル $\boldsymbol{x}_i$ の（未知の）ラベルを $y_i \in \{-1, +1\}$ と表します．このときここでの目的は，できるだけ性能の高い分類器 $p(y|\boldsymbol{x})$ の学習が可能となるように，ラベルづけを行うできるだけ少ない（あるいは事前に与えた k 個以下の）サンプルを選択することになります．それでは，より具体的に

*3 ここで説明する内容に関しては，多値の場合へ自然に拡張可能です.

考えていきましょう．

ラベルづけを行うサンプルの集合がもつ有用性（どれだけ分類器の学習のための情報をもっているか）を**フィッシャー情報行列**（**Fisher information matrix**）に基づいて与えます．フィッシャー情報行列は統計学や情報理論において一般的によく用いられるもので，観測される確率変数が対象とするモデル（パラメータ）に対してもつ情報の量を与える規準です．今考えているのは，有限のパラメータ $\boldsymbol{w}$ により記述される分類器 $p(y|\boldsymbol{x})$ であるため，フィッシャー情報行列 $I_q(\boldsymbol{w})$ は次式のように定義されます．

$$I_q(\boldsymbol{w}) = -\int q(\boldsymbol{x}) \sum_{y=\pm 1} p(y|\boldsymbol{x}) \frac{\partial^2}{\partial \boldsymbol{w}^2} \log p(y|\boldsymbol{x}) \mathrm{d}\boldsymbol{x}$$

ただし，$q(\boldsymbol{x})$ は対象とするサンプルの分布です．今，すべてのサンプルに関する分布を $p(\boldsymbol{x})$，またラベルづけを行うサンプルに関するそれを $q(\boldsymbol{x})$ と表すことにします．このとき，フィッシャー情報行列を用いた能動学習の規準は次のように与えることができます．

$$q^* = \operatorname*{argmin}_q \mathrm{tr}\left(I_q(\boldsymbol{w})^{-1} I_p(\boldsymbol{w})\right)$$

つまり，ラベルづけを行おうとするサンプルがもつ情報が，できるだけ全サンプルのそれに近くなるように選ぼうとする規準であるといえます．

ここからは，分類器として（線形）ロジスティック回帰を用いて具体的な定式化を考えていきましょう *4．**ロジスティック回帰**（**logistic regression**）は，機械学習分野において最もよく用いられる二値分類器の 1 つで，次式のように定義されます．

$$p(y|\boldsymbol{x}) = \sigma(y\boldsymbol{w}^\top \boldsymbol{x}) = \frac{1}{1+\exp(-y\boldsymbol{w}^\top \boldsymbol{x})}$$

$\sigma(\bullet) = 1/(1+\exp(-\bullet))$ は**ロジスティック・シグモイド関数**（**logistic sigmoid function**）と呼ばれます．ロジスティック回帰に関するフィッシャー情報行列は，定義式へ代入することにより次のようになることがわかります．

$$I_q(\boldsymbol{w}) = \int \sigma(\boldsymbol{w}^\top \boldsymbol{x}) \sigma(-\boldsymbol{w}^\top \boldsymbol{x}) \boldsymbol{x}\boldsymbol{x}^\top q(\boldsymbol{x}) \mathrm{d}\boldsymbol{x}$$

*4　正定値カーネルを用いることで，非線形への拡張は自然に行えます．興味のある読者は，文献 [22] を参照してください．

有限のサンプルを用いるので，上式の積分の厳密な計算はできません．したがって，次のように近似的なものを用いる必要があります．

$$I_p(\hat{\boldsymbol{w}}) \approx \frac{1}{n}\sum_{i\in V}\sigma(-\hat{\boldsymbol{w}}^\top \boldsymbol{x}_i)(1-\sigma(-\hat{\boldsymbol{w}}^\top \boldsymbol{x}_i))\boldsymbol{x}_i\boldsymbol{x}_i^\top + \delta I_d$$

$$I_q(S,\hat{\boldsymbol{w}}) \approx \frac{1}{|S|}\sum_{i\in S}\sigma(-\hat{\boldsymbol{w}}^\top \boldsymbol{x}_i)(1-\sigma(-\hat{\boldsymbol{w}}^\top \boldsymbol{x}_i))\boldsymbol{x}_i\boldsymbol{x}_i^\top + \delta I_d$$

ただし，I_d は d 行 d 列の単位行列を表し，$\delta \ll 1$ は特異行列を避けるために用いられる小さな実数値です．また，$S \subseteq V$ はラベルづけを行うサンプル集合です．これらを今回最小化したい $\mathrm{tr}(I_q^{-1}I_p)$ に代入すると，次のようになります．

$$\begin{aligned}
&\mathrm{tr}(I_q(S,\hat{\boldsymbol{w}})^{-1}I_p(\hat{\boldsymbol{w}}))\\
&= \mathrm{tr}\left(I_q(S,\hat{\boldsymbol{w}})^{-1}\left(\frac{|S|}{n}I_q(S,\hat{\boldsymbol{w}}) + \frac{n-|S|}{n}\delta I\right.\right.\\
&\qquad\qquad \left.\left. + \frac{1}{n}\sum_{i\notin S}\sigma(-\hat{\boldsymbol{w}}^\top \boldsymbol{x}_i)(1-\sigma(-\hat{\boldsymbol{w}}^\top \boldsymbol{x}_i))\boldsymbol{x}_i\boldsymbol{x}_i^\top\right)\right)\\
&= \frac{|S|}{n} + \delta\frac{n-|S|}{n}\mathrm{tr}(I_q^{-1}(S,\hat{\boldsymbol{w}}))\\
&\qquad + \frac{1}{n}\sum_{i\notin S}\sigma(-\hat{\boldsymbol{w}}^\top \boldsymbol{x}_i)(1-\sigma(-\hat{\boldsymbol{w}}^\top \boldsymbol{x}_i))\boldsymbol{x}_i^\top I_q^{-1}(S,\hat{\boldsymbol{w}})\boldsymbol{x}_i
\end{aligned} \tag{3.14}$$

上式の第 2 項は，δ に比例するので無視できるほど小さいため，選択するサンプル集合 S に依存する項は第 3 項のみになります．この第 3 項について，もう少し整理してみましょう．

まず，$I_q(S,\hat{\boldsymbol{w}})$ の固有値と固有ベクトルの組を $\{(\lambda_l, \boldsymbol{v}_l)\}_{l=1}^d$ とします．このとき，任意の $\boldsymbol{x}$ について次のような近似を与えることができます．

$$\begin{aligned}
\boldsymbol{x}^\top I_q^{-1}(S,\hat{\boldsymbol{w}})\boldsymbol{x} &= \sum_{l=1}^d \lambda_l^{-1}(\boldsymbol{x}^\top \boldsymbol{v}_l)^2\\
&\approx \frac{\|\boldsymbol{x}_2^2\|}{\sum_{l=1}^d \lambda_l(\boldsymbol{x}^\top \boldsymbol{v}_l)^2/\|\boldsymbol{x}\|_2^2} = \frac{(\sum_{l=1}^d x_l^2)^2}{\boldsymbol{x}^\top I_q(S,\hat{\boldsymbol{w}})\boldsymbol{x}}
\end{aligned}$$

ただし近似部分は，固有値 λ_l の調和平均を算術平均で置き換えることによって得られます．つまり，$\gamma_i = (\boldsymbol{x}^\top \boldsymbol{v}_i)^2/\|\boldsymbol{x}\|_2^2$ とおくと，$(\sum_{l=1}^{d} \lambda_i^{-1}\gamma_i)^{-1} \approx \sum_{l=1}^{d} \lambda_i\gamma_i$ です．今，データの前処理を行うことによってサンプルは 1 に正規化されているとします．つまり $\|\boldsymbol{x}\|_2^2 = 1$ です．このとき，式 (3.14) の第 3 項は最終的に次のように表すことができます．

$$
\begin{aligned}
&\sum_{i \notin S} \sigma(-\hat{\boldsymbol{w}}^\top \boldsymbol{x}_i)(1-\sigma(-\hat{\boldsymbol{w}}^\top \boldsymbol{x}_i))\boldsymbol{x}_i^\top I_q^{-1}(S,\hat{\boldsymbol{w}})\boldsymbol{x}_i \\
&\approx \sum_{i \notin S} \frac{\sigma(-\hat{\boldsymbol{w}}^\top \boldsymbol{x}_i)(1-\sigma(-\hat{\boldsymbol{w}}^\top \boldsymbol{x}_i))}{\boldsymbol{x}_i^\top I_q(S,\hat{\boldsymbol{w}})\boldsymbol{x}} \\
&= \sum_{i \notin S} \frac{\sigma(-\hat{\boldsymbol{w}}^\top \boldsymbol{x}_i)(1-\sigma(-\hat{\boldsymbol{w}}^\top \boldsymbol{x}_i))|S|}{\delta + \sum_{j \in S} \sigma(-\hat{\boldsymbol{w}}^\top \boldsymbol{x}_j)(1-\sigma(-\hat{\boldsymbol{w}}^\top \boldsymbol{x}_j))(\boldsymbol{x}_j^\top \boldsymbol{x}_j)^2}
\end{aligned}
\tag{3.15}
$$

以上から，最大化したい目的関数を次のように与えることができます．

$$
\begin{aligned}
f_{\mathrm{ba}}(S) =& \frac{1}{\delta} \sum_{i \in V} \sigma(-\hat{\boldsymbol{w}}^\top \boldsymbol{x}_i)(1-\sigma(-\hat{\boldsymbol{w}}^\top \boldsymbol{x}_i)) \\
&- \sum_{i \notin S} \frac{\sigma(-\hat{\boldsymbol{w}}^\top \boldsymbol{x}_i)(1-\sigma(-\hat{\boldsymbol{w}}^\top \boldsymbol{x}_i))}{\delta + \sum_{j \in S} \sigma(-\hat{\boldsymbol{w}}^\top \boldsymbol{x}_j)(1-\sigma(-\hat{\boldsymbol{w}}^\top \boldsymbol{x}_j))(\boldsymbol{x}_j^\top \boldsymbol{x}_j)^2}
\end{aligned}
$$

第 1 項は，V に関して式 (3.15) を評価したものです．つまり f_{ba} は，選択するサンプル集合によって，どの程度フィッシャー行列の比を小さくすることができるかを表しています．

命題 3.5

集合関数 $f_{\mathrm{ba}}\colon 2^V \to \mathbb{R}$ は単調劣モジュラ関数である．

またこの定義から，$f_{\mathrm{ba}}(\{\}) = 0$ であることは明らかです．

命題 3.5 の証明.

それでは，命題 3.5 の証明について確認しましょう．ここでは，定義式 (1.2) を用いて関数 f_{ba} の劣モジュラ性を示します．

まず，任意の $S \subseteq V$ と $i \notin S$ に関して，差分 $f_{\mathrm{ba}}(S \cup \{i\}) - f_{\mathrm{ba}}(S)$ は次

のように計算できます.

$$f_{\mathrm{ba}}(S \cup \{i\}) - f_{\mathrm{ba}}(S) = g(i, S) + \sum_{j \neq (S \cup \{i\})} g(j, S) g(i, S \cup \{i\}) (\boldsymbol{x}_i^\top \boldsymbol{x}_j)^2 \tag{3.16}$$

ただし, $g(i,S)$ は次式のように定義されます.

$$g(i, S) = \frac{\sigma(-\hat{\boldsymbol{w}}^\top \boldsymbol{x}_i)(1 - \sigma(-\hat{\boldsymbol{w}}^\top \boldsymbol{x}_i))}{\delta + \sum_{j \in S} \sigma(-\hat{\boldsymbol{w}}^\top \boldsymbol{x}_j)(1 - \sigma(-\hat{\boldsymbol{w}}^\top \boldsymbol{x}_j))(\boldsymbol{x}_i^\top \boldsymbol{x}_j)^2}$$

この定義から, 任意の $i \notin S$ と $S \subseteq V$ に関して $g(i,S) \geq 0$ になります. したがって, $f_{\mathrm{ba}}(S \cup \{i\}) \geq f_{\mathrm{ba}}(S)$ となるので, 単調であることがわかります. さらに, $0 \leq \pi(\boldsymbol{x}) \leq 1$ であることや, 式 (3.16) の形から $f_{\mathrm{ba}}(S \cup \{i\}) - f_{\mathrm{ba}}(S)$ が単調に減少することがわかります. したがって, f_{ba} は定義式 (1.2) を満たすことがわかります. □

3.5 その他の適用例

劣モジュラ関数最大化としての定式化と貪欲法の適用は, このほかにも様々な機械学習問題で行われています.

たとえば, トーマ (Thoma) らはグラフマイニングにより得られた部分グラフ選択の劣モジュラ関数最大化として定式化を行っています[52]. またダス (Das) とケンペ (Kempe) は, 線形回帰モデルにおける変数選択の規準の劣モジュラ性に関して議論を行っています[10,11]. また最近リード (Reed) とガラマーニ (Ghahramani) は, インディアン・ブッフェ過程と呼ばれるノンパラメトリック・ベイズ推定の一種において, 計算途中で必要となる最適化を劣モジュラ関数最大化として近似的に定式化することで効率的な実装を実現しています[47]. またその他の重要な適用例としては, ケンペらのネットワーク上での影響最大化の劣モジュラ関数最大化としての定式化が挙げられます[26,48]. これは, ソーシャル・ネットワークにおけるマーケティングなど, 応用的にも重要な適用例でしょう.

また, 本章で説明した問題に関してもいろいろな拡張が行われています. 文書要約では, リンやビルメスらにより文章の階層構造を用いたり, 複数の文章を同時に要約するなどの拡張が行われています[3,36]．またセンサ配置に関しては，ここで説明した相互情報量とは異なる規準や頑強化されたアルゴリズムの提案が行われています[32]．能動学習に関連した特に重要な拡張としては，時々刻々とかわる状況の中での能動学習への拡張が挙げられます．そこでは，**適応劣モジュラ性**（**adaptive submodularity**）と呼ばれる劣モジュラ性を一般化した概念も重要な役割を果たします[9,17]．

本章を読んで，さらに関連する応用的話題について興味をもった読者は，文献 [30] なども参考になるでしょう．

3.6　補足：センサ配置可能箇所の設定について*

3.3 節で考えたセンサ配置問題 (3.13) において，その目的関数である相互情報量 MI は，劣モジュラ関数ではありますが，単調ではありませんでした．このため 3.1 節の貪欲法を問題 (3.13) に適用しても近似率 $1 - 1/e \approx 0.63$ が保証されません．ここでは，センサの配置可能箇所の数（つまり $|V|$）を十分大きくすることによって相互情報量 MI の単調性が $2k$ 以下の部分集合に対して保証されることを示し，さらにこのときに 3.1 節の貪欲法を用いることで近似率 $1 - 1/e$ がほぼ達成されることを証明します[33]．

センサ配置の離散化の度合いを表す指標として，センサ間の配置可能箇所の最大距離 δ を用います．一般に，相互情報量 MI の単調性が部分的に成り立つようなガウス過程回帰の離散化，つまりセンサを置く箇所の細かさが存在するという性質は，次のように述べることができます．

補題 3.6

連続な正定値共分散関数 $K\colon \mathcal{C} \times \mathcal{C} \to \mathbb{R}_{\geq 0}$ が定義される，コンパクト集合 $\mathcal{C} \subset \mathbb{R}^d$ 上のガウス過程回帰を考える．センサは少なくとも分散 σ^2 の観測誤差をもつと仮定する．このとき，任意の $\epsilon > 0$ と，任意のセンサ最大配置数 k に関して，センサ間の距離が最大でも δ であるような配置可能箇所の設定 V が存在し，すべての $S \subseteq V$, $|S| \leq 2k$ に対して $\mathrm{MI}(S \cup \{i\}) \geq \mathrm{MI}(S) - \epsilon$ となる．

証明.

まず，センサの観測誤差を取り入れるため，$\boldsymbol{x} \neq \boldsymbol{x}'$ に対しては $\hat{K}(\boldsymbol{x}, \boldsymbol{x}') = K(\boldsymbol{x}, \boldsymbol{x}')$，またそれ以外の場合は $\hat{K}(\boldsymbol{x}, \boldsymbol{x}) = K(\boldsymbol{x}, \boldsymbol{x}) + \sigma^2$ となるように $\hat{K}$ を定義します．$\mathcal{C}$ はコンパクト，K は連続なので，K は $\mathcal{C}$ 上で一様連続です．したがって，任意の $\epsilon_1 > 0$ に対して $\|\boldsymbol{x} - \boldsymbol{x}'\| \le \delta_1, \|\bar{\boldsymbol{x}} - \bar{\boldsymbol{x}}'\| \le \delta_1$ となるすべての $\boldsymbol{x}, \boldsymbol{x}', \bar{\boldsymbol{x}}, \bar{\boldsymbol{x}}'$ に対して，$|K(\boldsymbol{x}, \bar{\boldsymbol{x}}) - K(\boldsymbol{x}', \bar{\boldsymbol{x}}')| \le \epsilon_1$ が成り立つような δ_1 が存在します．$\mathcal{C}_1, \mathcal{C}_2 \subset \mathcal{C}$ を各々，メッシュ幅 $2\delta_1$ をもつ有限のメッシュ上の点，そしてその $\mathcal{C}_1$ を δ_1 だけ平行移動したものとします．そして，ガウス過程回帰 G を $\mathcal{C}_1, \mathcal{C}_2$ に限定したものを G_1, G_2 とします．なお，$\mathcal{C}_1, \mathcal{C}_2$ はコンパクト性の意味で $\mathcal{C}$ を覆っているとします．また，G_1 中の変数 $\bullet$ に対応する G_2 のそれを $\tilde{\bullet}$ により表します．$\hat{K}$ は対称な正定値共分散関数であり，すべての $\boldsymbol{x}, \bar{\boldsymbol{x}} \in G_1$ に対して $|\hat{K}(\boldsymbol{x}, \bar{\boldsymbol{x}}) - \hat{K}(\tilde{\boldsymbol{x}}, \tilde{\bar{\boldsymbol{x}}})| \le \epsilon_1$ が成り立ちます．また，K は半正定値なので，$\hat{K}$ から得られる任意の共分散行列の最小固有値は，小さくとも σ^2 となります．

今，$S \subseteq \mathcal{C}_1$，$\boldsymbol{x} \in \mathcal{C}_1 \setminus S$ とします．定義から $\|\bar{\boldsymbol{x}} - \tilde{\bar{\boldsymbol{x}}}\|_2 \le \delta_1$ ですので，すべての $\bar{\boldsymbol{x}} \in S$ について $|\hat{K}(\boldsymbol{x}, \bar{\boldsymbol{x}}) - \hat{K}(\boldsymbol{x}, \tilde{\bar{\boldsymbol{x}}})| \le \epsilon_1$ が成り立ちます．したがって，$\|\Sigma_{SS} - \Sigma_{\tilde{S}\tilde{S}}\|_2 \le \|\Sigma_{SS} - \Sigma_{\tilde{S}\tilde{S}}\|_F \le k^2\epsilon_1$ が得られます．また，$\|\Sigma_{SS}^{-1}\|_2 = \lambda_{\max}(\Sigma_{SS}^{-1}) = \lambda_{\min}(\Sigma_{SS})^{-1} \le \sigma^{-2}$ です（ただし，$\lambda_{\max}$ と $\lambda_{\min}$ はそれぞれ最大／最小固有値を表します）．したがって，次式が成り立ちます．

$$
\begin{aligned}
\|\Sigma_{SS}^{-1} - \Sigma_{\tilde{S}\tilde{S}}^{-1}\|_2 &= \|\Sigma_{SS}^{-1}(\Sigma_{\tilde{S}\tilde{S}} - \Sigma_{SS})\Sigma_{\tilde{S}\tilde{S}}^{-1}\|_2 \\
&\le \|\Sigma_{SS}^{-1}\|_2 \|\Sigma_{\tilde{S}\tilde{S}} - \Sigma_{SS}\|_2 \|\Sigma_{\tilde{S}\tilde{S}}^{-1}\|_2 \le \sigma^{-4}k^2\epsilon_1
\end{aligned}
$$

そして $\|\Sigma_{\boldsymbol{x}\tilde{S}} - \Sigma_{\boldsymbol{x}S}\|_2 \le \|\epsilon_1 \mathbf{1}^\top\|_2 = \epsilon_1\sqrt{k}$ ですので，次式が得られます．

$$
\begin{aligned}
&|\sigma^2(\boldsymbol{x}|S) - \sigma^2(\boldsymbol{x}|\tilde{S})| \\
&= |\Sigma_{\boldsymbol{x}S}\Sigma_{SS}^{-1}\Sigma_{S\boldsymbol{x}} - \Sigma_{\boldsymbol{x}\tilde{S}}\Sigma_{\tilde{S}\tilde{S}}^{-1}\Sigma_{\tilde{S}\boldsymbol{x}}| \\
&\le 2\|\Sigma_{\boldsymbol{x}S} - \Sigma_{\boldsymbol{x}\tilde{S}}\|_2 \|\Sigma_{SS}^{-1}\|_2 \|\Sigma_{\boldsymbol{x}S}\|_2 + \|\Sigma_{SS}^{-1} - \Sigma_{\tilde{S}\tilde{S}}^{-1}\|_2 \|\Sigma_{\boldsymbol{x}S}\|_2^2 + O(\epsilon_1^2) \\
&\le 2\epsilon_1\sqrt{k}\sigma^{-2}M\sqrt{k} + \sigma^{-4}k^2\epsilon_1 M^2 k + O(\epsilon_1^2) \\
&\le \epsilon_1 k\sigma^{-2}M(2 + \sigma^{-2}k^2 M) + O(\epsilon_1^2)
\end{aligned}
$$

ただし，$M = \max_{\boldsymbol{x}\in\mathcal{C}} K(\boldsymbol{x},\boldsymbol{x})$ です．ここで，上式の差が $\sigma^2\epsilon$ で抑えられるように δ を選択すれば，次式が得られます．

$$H(y(\boldsymbol{x}_i)|\boldsymbol{y}_S) - H(y(\boldsymbol{x}_i)|\boldsymbol{y}_{\tilde{S}}) = \frac{1}{2}\log\frac{\sigma^2(\boldsymbol{x}_i|S)}{\sigma^2(\boldsymbol{x}_i|\tilde{S})} \leq \frac{\log(1+\epsilon)}{2} \leq \frac{\epsilon}{2}$$

そのように，補題が成り立つことがわかります． □

センサ配置可能箇所の離散化の度合いを表す δ がどの程度小さければ補題 3.6 の意味での MI の単調性が成り立つか考えてみましょう．共分散関数が，ガウシアン放射基底カーネルのように**リプシッツ連続**（**Lipschitz continuous**）*5 であれば，リプシッツ定数 L に対して，上記の最大相互距離 δ に対する上限を与えることができます．

系 3.7

K が定数 L のリプシッツ連続であれば，$\epsilon < \min(M,1)$ に対して，補題 3.6 におけるセンサ間の最大相互距離 δ としては次式を満たせばよい．

$$\delta \leq \frac{\epsilon\sigma^6}{4kLM(\sigma^2 + 2k^2M + 6k^2\sigma^2)}$$

ただし，$M = \max_{\boldsymbol{x}\in\mathcal{C}} K(\boldsymbol{x},\boldsymbol{x})$ である．

この結果は，リプシッツ連続性の仮定により，補題 3.6 の証明で用いた ϵ_1，δ_1 について，直接 ϵ_1 から δ_1 を計算することで得られます．

以上の結果に基づいて，問題 (3.13) に対して 3.1 節の貪欲法を適用した場合の近似率が次のように与えられます．

*5 連続関数 $g\colon \mathbb{R}^d \to \mathbb{R}$ の滑らかさの概念の 1 つで，すべての $\boldsymbol{x},\boldsymbol{x}' \in \mathbb{R}^d$ に対して $|g(\boldsymbol{x}) - g(\boldsymbol{x}')| \leq L|\boldsymbol{x} - \boldsymbol{x}'|$ となる定数 L が存在するとき，g はリプシッツ連続であるといいます．なお，L を**リプシッツ定数**（**Lipschitz constant**）と呼びます．

定理 3.8

補題 3.6 の仮定の下，問題 (3.13) に対して貪欲法を適用して得られた解を S_{GA} とすると，次式が成り立つ．

$$\mathrm{MI}(S_{\mathrm{GA}}) \geq (1-1/e)(\mathrm{MI}(S_{\mathrm{OPT}}) - k\epsilon)$$

ただし，S_{OPT} は最適解である．

定理 3.8 の証明．

この定理の証明は，本章の 3.1 節で紹介した貪欲法による近似率の証明を少し変更するのみで可能です．貪欲法により選択された箇所を，選択された順番に $\boldsymbol{z}_1, \ldots, \boldsymbol{z}_k$ とし，これらの箇所に対応する V の要素をそれぞれ $v_1, \ldots, v_k$ とします．また，$S_i = \{v_1, \ldots, v_i\}$ $(i = 1, \ldots, k)$，$S_0 = \{\}$ とおき，さらに $\delta_i = \mathrm{MI}(S_i) - \mathrm{MI}(S_{i-1})$ $(i = 1, \ldots, k)$ とおきます．このとき補題 3.6 から，すべての $1 \leq i \leq k$ について，次式が得られます．

$$\mathrm{MI}(S_i \cup S_{\mathrm{OPT}}) \geq \mathrm{MI}(S_{\mathrm{OPT}}) - k\epsilon$$

また，命題 3.1（命題 3.1 は単調性をもたない劣モジュラ関数に対しても成り立つ性質であったことを思い出しましょう）を用いて命題 3.2 の証明と同様の議論をすることで，$0 \leq i < k$ に対し

$$\begin{aligned}\mathrm{MI}(S_i \cup S_{\mathrm{OPT}}) - \mathrm{MI}(S_i) &\leq \sum_{j \in S_{\mathrm{OPT}} \setminus S_i} (\mathrm{MI}(S_i \cup \{j\}) - \mathrm{MI}(S_i)) \\ &\leq k(\mathrm{MI}(S_i \cup \{v_j\}) - \mathrm{MI}(S_i)) = k\delta_{i+1}\end{aligned}$$

が成り立つため，これを変形して次式が得られます．

$$\mathrm{MI}(S_i \cup S_{\mathrm{OPT}}) \leq \mathrm{MI}(S_i) + k\delta_{i+1} = \sum_{j=1}^{i} \delta_j + k\delta_{i+1}$$

したがって，以下の k 個の不等式が得られます．

$$
\begin{aligned}
\mathrm{MI}(S_{\mathrm{OPT}}) - k\epsilon &\le k\delta_1, \\
\mathrm{MI}(S_{\mathrm{OPT}}) - k\epsilon &\le \delta_1 + k\delta_2, \\
&\vdots \\
\mathrm{MI}(S_{\mathrm{OPT}}) - k\epsilon &\le \sum_{j=1}^{k-1} \delta_j + k\delta_k
\end{aligned}
$$

この k 個の不等式について，i 番目の不等式に $(1-1/k)^{k-i}$ をかけてから，すべての不等式を足し合わせることを考えましょう．このとき右辺の δ_i $(i = 1, \ldots, n)$ の係数が

$$
\begin{aligned}
&k \cdot \left(1 - \frac{1}{k}\right)^{k-i} + 1 \cdot \left(1 - \frac{1}{k}\right)^{k-(i+1)} + \cdots + 1 \cdot \left(1 - \frac{1}{k}\right)^{k-k} \\
&= k\left(1 - \frac{1}{k}\right)^{k-i} + k\left(1 - \left(1 - \frac{1}{k}\right)^{k-i}\right) \\
&= k
\end{aligned}
$$

となることに注意すると，次式が得られます．

$$
\left(\sum_{i=0}^{k-1} \left(1 - \frac{1}{k}\right)^{i}\right)(\mathrm{MI}(S_{\mathrm{OPT}}) - k\epsilon) \le k\sum_{i=1}^{k} \delta_i = k\mathrm{MI}(S_k)
$$

したがって，貪欲法による解 $S_{\mathrm{GA}} = S_k$ に関して

$$
\begin{aligned}
\mathrm{MI}(S_{\mathrm{GA}}) &\ge \left(1 - \left(1 - \frac{1}{k}\right)^{k}\right)(\mathrm{MI}(S_{\mathrm{OPT}}) - k\epsilon) \\
&\ge (1 - 1/e)(\mathrm{MI}(S_{\mathrm{OPT}}) - k\epsilon)
\end{aligned}
$$

が得られて定理 3.8 が証明されました．　□

Chapter 4

最大流とグラフカット

第2章でも説明したように，劣モジュラ関数は効率的に最小化ができます．特に，有向グラフのカット関数の最小化は，最大流アルゴリズムで行えるため，理論的／実用的に高速な計算が可能です．本章では，最大流アルゴリズムの基本的事項と，そのような計算へ帰着される例として，マルコフ確率場での推論を取り上げます．そして，実用的にもよく用いられている，高速に計算可能な劣モジュラ関数のクラスについて考えます．

劣モジュラ関数の最小化は，多項式時間で行うことが可能です．しかし一般の劣モジュラ関数の場合には，台集合 V の要素数を n とすると，最小化には，最悪ケースで n の高次多項式オーダーの計算量が必要になります（詳しくは 2.3.1 項を参照してください）．対称な劣モジュラ関数の場合には，最悪ケースで $O(n^3\mathrm{EO})$ で実行可能な**キラーン**（**Queyranne**）のアルゴリズム[45] も知られていますが，依然実用的には，小さい計算量だとはいえません（EO は関数評価に必要な計算コストを表します）．また，第2章で説明した最小ノルム点アルゴリズムは実用的には最速なものであると知られていますが，要素数の多い問題であったり，反復的な計算を行うにはまだ十分な速さであるとはいえないでしょう．

したがって応用的観点からは，個々の扱う問題で十分な表現力の範囲で，高速に最小化可能な劣モジュラ関数の特殊クラスを考えることが妥当なアプローチであるといえます．コンピュータ・ビジョンで頻繁に使われるグラフカットと呼ばれるアルゴリズム（やその拡張アルゴリズム）は，その代表的な例だといえます．グラフカットは，数万〜数百万といったオーダーの問題に対しても実用的時間で適用可能なアルゴリズムとして知られていますが，劣モジュラ関数の視点から見ると，おおよそ2次の劣モジュラ関数ともいえるカット関数の最小化を行っているものだと解釈できます．カット関数の最小化に対しては，最大流アルゴリズムと呼ばれる理論的／実用的に高速なアルゴリズムの適用が可能であることが知られています．このようなカット関数の最小化として記述できるかどうかは，実用的に組合せ的計算を行うことができるかどうかをはかる1つの見方であるともいえるでしょう．

本章では，このような関係を理解するために，まずカット関数の最小化と，ネットワークにおける最大流の計算との関係，そして実際に最大流計算を行う具体的な方法について見ていきます．そして，この関係が成功裏に利用されている代表例として，マルコフ確率場における推論のためのグラフカットについて説明します．その後，どのようにすれば，カット関数以外の劣モジュラ関数も同様に高速に最小化が行えるかということについても，考えていきたいと思います．

4.1　カット関数最小化と最大流アルゴリズム

第2章では，基本的な劣モジュラ関数である，無向グラフや有向グラフのカット関数を定義しました．本節では特に，有向グラフの s-t カット関数の最小化と，さらに関連する概念である最大流について扱います．s-t カット関数は，最も基本的な劣モジュラ関数の1つです．最大流と最小 s-t カットは，最大流最小カット定理と呼ばれる原理によって密接に関連しており，計算効率のよい最大流アルゴリズムを用いることで s-t カット関数の最小化問題を高速に解くことができます．

4.1.1　カットとフロー

まず，有向グラフにおけるカットとフローの概念についてそれぞれ説明し，基本的な関係について眺めてみましょう．

ソースと呼ばれる特別な頂点 s，シンクと呼ばれる（s とは異なる）特別な頂点 t，そしてそれ以外の n 個の頂点 $V = \{1,\ldots,n\}$ について，$\mathcal{V} = \{s\} \cup \{t\} \cup V$ を頂点集合とし，$\mathcal{E}$ を枝集合とする有向グラフ $\mathcal{G} = (\mathcal{V}, \mathcal{E})$

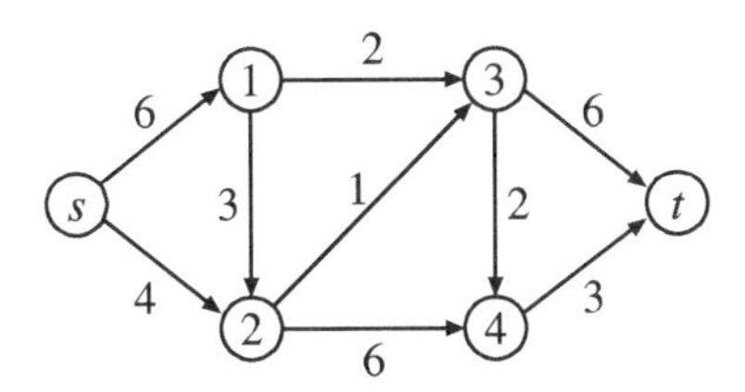

図 4.1 有向グラフ $\mathcal{G} = (\{s\} \cup \{t\} \cup V, \mathcal{E})$ と枝容量.

を考えましょう．各枝 $e \in \mathcal{E}$ には，正の枝容量 c_e が定められているものとします．このような有向グラフ $\mathcal{G}$ の上で，s-t カットとフローが定義されます．図 4.1 は，$V = \{1, 2, 3, 4\}$ とする頂点数 6，枝数 9 の有向グラフの例を示しており，各枝の数字は枝容量を表しています．

s-t カットと最小 s-t カット問題

有向グラフ $\mathcal{G}$ の頂点集合 $\mathcal{V}$ の順序つきの分割 $(\mathcal{V}_1, \mathcal{V}_2)$ のうち，特に $s \in \mathcal{V}_1$ かつ $t \in \mathcal{V}_2$ を満たすものを s-t **カット**（s-t **cut**）と呼びます．任意の s-t カットは，V のある部分集合 $S \subseteq V$ を用いることで

$$(\{s\} \cup S, \{t\} \cup (V \setminus S))$$

のように表すことができます．s-t カット $(\{s\} \cup S, \{t\} \cup (V \setminus S))$ について，その容量 $\kappa_{s\text{-}t}(S)$ を次式により定義します．

$$\kappa_{s\text{-}t}(S) = \sum_{e \in \delta^{\mathrm{out}}_{\mathcal{G}}(\{s\} \cup S)} c_e \tag{4.1}$$

ここで，$\mathcal{G}$ の頂点の部分集合 $\mathcal{V}' \subseteq \mathcal{V}$ について，$\delta^{\mathrm{out}}_{\mathcal{G}}(\mathcal{V}') \subseteq \mathcal{E}$ は $\mathcal{G}$ において $\mathcal{V}'$ の頂点から出て $\mathcal{V}'$ 以外の頂点に入る枝 $e \in \mathcal{E}$ の集合とします．集合関数 $\kappa_{s\text{-}t} : 2^V \to \mathbb{R}$ を s-t **カット関数**（s-t **cut function**）と呼びます．図 4.1 の有向グラフで s-t カット関数値をいくつか調べると以下のようになります．

$$\kappa_{s\text{-}t}(\{\}) = c_{(s,1)} + c_{(s,2)} = 10$$
$$\kappa_{s\text{-}t}(\{1\}) = c_{(1,3)} + c_{(1,2)} + c_{(s,2)} = 9$$
$$\kappa_{s\text{-}t}(\{2\}) = c_{(s,1)} + c_{(2,3)} + c_{(2,4)} = 13$$

$\kappa_{s\text{-}t}$ は正規化された関数ではない点に注意しましょう．s-t カット関数 $\kappa_{s\text{-}t}$ は，有向グラフのカット関数のマイナー（に定数を加えたもの）であるため劣モジュラ関数となります．このため容量が最小となる s-t カット，**最小 s-t カット**（**minimum s-t cut**）を求める問題である**最小 s-t カット問題**（**minimum s-t cut problem**）は，劣モジュラ関数最小化問題の特殊ケースとなります．s-t カット関数の最小化問題は，最大流アルゴリズムを用いることで高速に解くことができます．

フローと最大流問題

有向グラフ $\mathcal{G} = (\{s\} \cup \{t\} \cup V, \mathcal{E})$ において，入口に対応するソース s から，出口に対応するシンク t へのモノの流れであるフローについて定義しましょう．各枝 $e \in \mathcal{E}$ に，e の上の流れを表す実数値変数 $\xi_e \in \mathbb{R}$ を対応させることを考えて，変数ベクトル $\boldsymbol{\xi} = (\xi_e)_{e \in \mathcal{E}}$ を導入します．この $\boldsymbol{\xi}$ を**フロー**（**flow**）と呼びます．フロー $\boldsymbol{\xi}$ は以下の 2 つの制約をともに満たす場合，**実行可能フロー**（**feasible flow**）であるといいます．

- **容量制約**：　各枝 $e \in \mathcal{E}$ について，e 上のフロー ξ_e が 0 以上 c_e 以下である．
- **流量保存制約**：　s と t 以外の各頂点 $i \in \mathcal{V} \setminus \{s, t\} = V$ では，i から出るフローと，i に入るフローの量が等しい．

容量制約は，次式のように表されます．

$$0 \leq \xi_e \leq c_e \quad (\forall e \in \mathcal{E}) \tag{4.2}$$

また各頂点 $i \in \mathcal{V}$ について，$\delta_{\mathcal{G}}^{\mathrm{out}}(i) \subseteq \mathcal{E}$ を i から出る枝の集合，$\delta_{\mathcal{G}}^{\mathrm{in}}(i) \subseteq \mathcal{E}$ を i に入る枝の集合とすると，流量保存制約は次式で表されます．

$$\sum_{e \in \delta_{\mathcal{G}}^{\mathrm{out}}(i)} \xi_e - \sum_{e \in \delta_{\mathcal{G}}^{\mathrm{in}}(i)} \xi_e = 0 \quad (\forall i \in \mathcal{V} \setminus \{s, t\} = V) \tag{4.3}$$

図 4.2 は，**図 4.1** の有向グラフに関する実行可能フローの例を示しています．ここで図において，枝容量 c_e の枝 e の上をフロー ξ_e が流れているという状態を表す際は，ξ_e / c_e と表記することにしています．

実行可能フロー $\boldsymbol{\xi}$ に関して，その**流量**（**flow value**）をソース s から出る正味のフローの量とし，次式のように表すことができます．

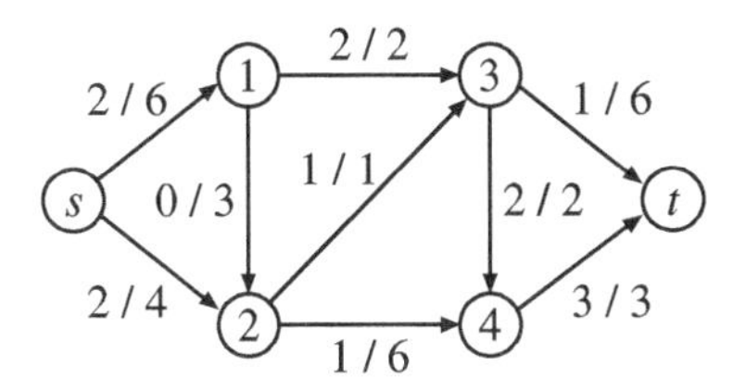

図 4.2 実行可能フローの例.

$$(\boldsymbol{\xi}\text{ の流量}) = \sum_{e \in \delta_{\mathcal{G}}^{\mathrm{out}}(s)} \xi_e - \sum_{e \in \delta_{\mathcal{G}}^{\mathrm{in}}(s)} \xi_e \tag{4.4}$$

流量保存制約から，ソース s から出る正味のフローの量と，シンク t に入る正味のフローの量は等しくなることに注意しましょう．流量を最大にする実行可能フロー $\boldsymbol{\xi}$ を見つける問題を**最大流問題**（**maximum flow problem**）と呼び，またその最適解を**最大流**（**maximum flow**）と呼びます．

たとえば図 4.1 の有向グラフに関する最大流問題を，最適化問題として定式化すると次のようになります．

$$
\begin{aligned}
&\text{目的：} && \xi_{(s,1)} + \xi_{(s,2)} \to \text{最大} \\
&\text{制約：} && \left.\begin{aligned}
&\xi_{(1,3)} + \xi_{(1,2)} - \xi_{(s,1)} = 0, \\
&\xi_{(2,3)} + \xi_{(2,4)} - \xi_{(s,2)} - \xi_{(1,2)} = 0, \\
&\xi_{(3,t)} + \xi_{(3,4)} - \xi_{(1,3)} - \xi_{(2,3)} = 0, \\
&\xi_{(4,t)} - \xi_{(3,4)} - \xi_{(2,4)} = 0,
\end{aligned}\right\} \text{流量保存制約} \\
& && \left.\begin{aligned}
&0 \le \xi_{(s,1)} \le 6, \quad 0 \le \xi_{(s,2)} \le 4, \quad 0 \le \xi_{(1,2)} \le 3, \\
&0 \le \xi_{(1,3)} \le 2, \quad 0 \le \xi_{(2,3)} \le 1, \quad 0 \le \xi_{(2,4)} \le 6, \\
&0 \le \xi_{(3,4)} \le 2, \quad 0 \le \xi_{(3,t)} \le 6, \quad 0 \le \xi_{(4,t)} \le 3
\end{aligned}\right\} \text{容量制約}
\end{aligned}
$$

一般に，最大流問題はこのように線形最適化問題としても書くことができます．このため，線形最適化問題のソルバーを用いても最大流問題を解くことは可能ですが，最大流アルゴリズムを用いることでより高速に解くことが可能となります．

フローとカットの関係

有向グラフ $\mathcal{G}$ の任意の s-t カット $(\{s\} \cup S, \{t\} \cup (V \setminus S))$ と，任意の実行可能フロー $\boldsymbol{\xi}$ の関係について見てみましょう．ソース s からシンク t へフローを流すことを考えたときに，s-t カットの容量 $\kappa_{s\text{-}t}(S)$ は，ソース s 側の $\{s\} \cup S$ を出てシンク t 側の $\{t\} \cup (V \setminus S)$ に入る枝の枝容量の和であることから，$\kappa_{s\text{-}t}(S)$ を超える流量の実行可能フローは存在しないことがわかります．よって，以下の関係式が成り立ちます．

$$(\text{実行可能フロー } \boldsymbol{\xi} \text{ の流量}) \leq (s\text{-}t \text{ カットの容量} \kappa_{s\text{-}t}(S)) \tag{4.5}$$

不等式 (4.5) において，左辺の最大値は最大流の流量であり，右辺の最小値は最小 s-t カットの容量です．実は，この 2 つの値は一致して**最大流最小カット定理**（**max-flow min-cut theorem**）として知られる次の関係式が成り立ちます．

定理 4.1（最大流最小カット定理）

有向グラフ $\mathcal{G}$ の最大流と最小 s-t カットについて次式が成り立つ．

$$(\text{最大流の流量}) = (\text{最小な } s\text{-}t \text{ カットの容量}) \tag{4.6}$$

最大流最小カット定理については，4.1.2 項でアルゴリズム的な証明を与えます．不等式 (4.5) が成り立つことから，実行可能フロー $\boldsymbol{\xi}$ と s-t カット $(\mathcal{V}_1, \mathcal{V}_2)$ のペアが与えられたときに，もし $\boldsymbol{\xi}$ の流量と $(\mathcal{V}_1, \mathcal{V}_2)$ の容量が等しくなるならば，$\boldsymbol{\xi}$ が最大流であることと，$(\mathcal{V}_1, \mathcal{V}_2)$ が最小 s-t カットであることが同時に保証されます．最大流最小カット定理を証明するには，このような $\boldsymbol{\xi}$ と $(\mathcal{V}_1, \mathcal{V}_2)$ のペアが必ず存在することを示せばよいということに注意しましょう．

最大流最小カット定理の例を見てみましょう．**図 4.1** で与えられる有向グラフについて，実行可能フロー $\boldsymbol{\xi}$ を**図 4.3**(a) のようにとり，s-t カットを**図 4.3**(b) のようにとって $(\{s, 1, 2, 4\}, \{3, t\})$ としましょう．このとき $\boldsymbol{\xi}$ の流量は 6，$(\{s, 1, 2, 4\}, \{3, t\})$ の容量は 6 となって一致するため，フローと s-t カット両方の最適性が保証されます．

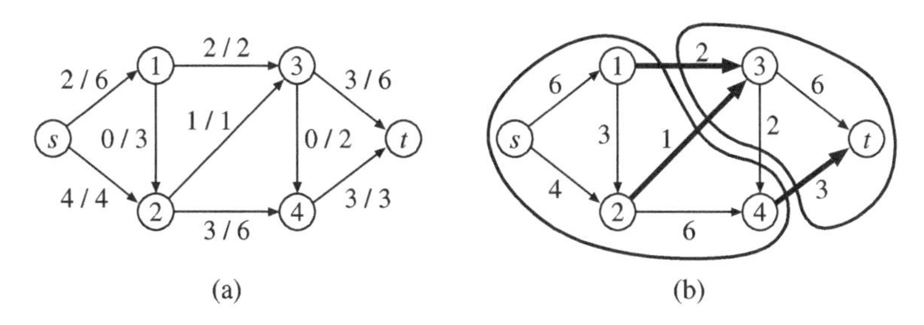

図 4.3　最大流と最小 s-t カットのペア．

4.1.2　最大流アルゴリズム

ここでは，最大流を求める代表的なアルゴリズムであるフロー増加法について説明し，さらに最大流アルゴリズムを用いた最小 s-t カットの計算方法や最大流最小カット定理の証明についても扱います．フロー増加法とは異なる原理に基づく，高速な最大流アルゴリズムであるプリフロー・プッシュ法についても 4.4 節において説明を加えます．

最大流を目指して

有向グラフ $\mathcal{G} = (\{s\} \cup \{t\} \cup V, \mathcal{E})$ において，ソース s からシンク t への有向パスを s-t パスと呼ぶことにしましょう．有向グラフ $\mathcal{G}$ の最大流を求めるためにまず単純な方法として，フロー $\boldsymbol{\xi}$ を $\xi_e = 0$ $(e \in \mathcal{E})$ と初期化してから「$\mathcal{G}$ における s-t パスに沿ってフローを流す」という操作を繰り返す反復法を考えてみましょう．ここで，s-t パス P に沿って α (≥ 0) だけフローを流すとは，フロー $\boldsymbol{\xi}$ を次のように更新することを意味します．

$$\begin{aligned}
&\text{枝 } (i,j) \text{ がパス } P \text{ 上にある} \quad \Rightarrow \quad \xi_{(i,j)} \text{ を } \alpha \text{ 増やす} \\
&\text{枝 } (i,j) \text{ がパス } P \text{ 上にない} \quad \Rightarrow \quad \xi_{(i,j)} \text{ はそのまま}
\end{aligned}$$

この更新によって，流量は α 増加します．ただし更新後に実行可能フローを得るには，$0 \leq \alpha \leq \min\{c_{(i,j)} - \xi_{(i,j)} : (i,j) \text{ は } P \text{ の枝}\}$ が成り立つ必要があり，$\alpha = \min\{c_{(i,j)} - \xi_{(i,j)} : (i,j) \text{ は } P \text{ の枝}\}$ とするのが自然でしょう．

この単純な反復法は，実行可能フローである $\boldsymbol{\xi} = \mathbf{0}$ からスタートし，s-t パスに沿ったフローの更新によって，$\boldsymbol{\xi}$ が実行可能フローであることを保ちながらソース s からシンク t へのフローを増加させることができるという，と

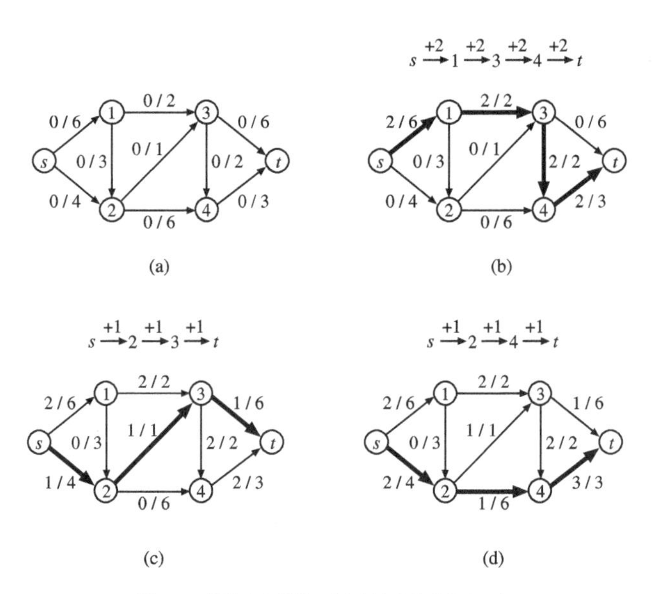

図 4.4　単純な反復法（最大流は求まらない）.

ても素直な方法です．しかしこの方法は，実はうまくいくとは限りません．ただし，後述するフロー増加法は，この単純な反復法を若干修正することで得られるアルゴリズムなので，方針自体が悪いわけではありません．まずはこの単純な反復法について試してみて，どのような問題が発生するかを眺めてみましょう．

図 4.1 で与えられる有向グラフにおいて，上で述べた単純な方法によって，s-t パスに沿ってできるだけフローを流すことを考えましょう．

[初期化]　フローを $\boldsymbol{\xi} = \mathbf{0}$ と初期化する（図 4.4(a)）.

[反復 1]　s-t パスとしてたとえば，$s \to 1 \to 3 \to 4 \to t$ を選ぶ．このパスに沿ってフローを流すことを考えると，$(s, 1)$，$(1, 3)$，$(3, 4)$，$(4, t)$ についてはそれぞれあと 6, 2, 2, 3 だけフローを流せるので，$\min\{6, 2, 2, 3\} = 2$ より，このパスに沿ってフローを 2 だけ流す（図 4.4(b)）.

[反復 2]　s-t パス $s \to 2 \to 3 \to t$ を選び，$\min\{4, 1, 6\} = 1$ より，このパスに沿ってフローを 1 だけ流す（図 4.4(c)）.

[反復 3] s-t パス $s \to 2 \to 4 \to t$ を選び，$\min\{4-1, 6, 3-2\} = 1$ より，このパスに沿ってフローを 1 だけ流す（図 4.4(d)）．

図 4.4(d) で得られている実行可能フロー $\boldsymbol{\xi}$ を，さらに更新できるか考えてみましょう．枝 $e \in \mathcal{E}$ でまだ容量の上限まで流れていないもの，つまり $\xi_e < c_e$ を満たすものは，$(s,1)$，$(s,2)$，$(1,2)$，$(2,4)$，$(3,t)$ の 5 個ですが，これらの枝のみでは s-t パスを作ることはできません．つまり単純な方法では，図 4.4(d) の $\boldsymbol{\xi}$ からフローの更新はできず，流量は 4 となります．しかしこの 4 は最大流量ではありません（図 4.3(a) が最大流であり，最大流量は 6 となります）．

以上の例から，有向グラフ $\mathcal{G}$ における s-t パスに沿ったフローの更新のみでは，最大流になる前にフローの更新が行き詰まる場合があることがわかりました．この問題点は，残余ネットワークという概念を導入することでうまく解決することができます．

残余ネットワークとフローの更新

有向グラフ $\mathcal{G} = (\mathcal{V}, \mathcal{E}) = (\{s\} \cup \{t\} \cup V, \mathcal{E})$ と，$\mathcal{G}$ 上の実行可能フロー $\boldsymbol{\xi}$ が与えられているとします．このとき，容量制約を満たしつつ $\boldsymbol{\xi}$ をどの程度変化させられるかを表現する有向グラフ，**残余ネットワーク**（**residual network**）$\mathcal{G}^{\boldsymbol{\xi}} = (\mathcal{V}, \mathcal{E}^{\boldsymbol{\xi}})$ を定義します．最大流アルゴリズムを与えるために，残余ネットワークは重要な役割を果たします．実行可能フロー $\boldsymbol{\xi}$ について，容量制約から $0 \leq \xi_e \leq c_e$ $(e \in \mathcal{E})$ が成り立つことを思い出しましょう．残余ネットワーク $\mathcal{G}^{\boldsymbol{\xi}}$ の枝集合 $\mathcal{E}^{\boldsymbol{\xi}}$ は $\mathcal{G}$ の枝集合 $\mathcal{E}$ の各枝を置き換えることで得られますが，その置き換え方法と残余ネットワークの枝の枝容量，**残余容量**（**residual capacity**）$c_e^{\boldsymbol{\xi}} > 0$ $(e \in \mathcal{E}^{\boldsymbol{\xi}})$ は以下のように定義されます．

- $\xi_{(i,j)} = 0$ を満たす $(i,j) \in \mathcal{E}$

$$\Rightarrow \begin{cases} \mathcal{G}^{\boldsymbol{\xi}} \text{ では } (i,j) \text{ は } (i,j) \text{ のまま,} \\ c^{\boldsymbol{\xi}}_{(i,j)} = c_{(i,j)} \end{cases}$$

- $0 < \xi_{(i,j)} < c_{(i,j)}$ を満たす $(i,j) \in \mathcal{E}$

$$\Rightarrow \begin{cases} \mathcal{G}^{\boldsymbol{\xi}} \text{ では } (i,j) \text{ を } (i,j) \text{ と逆向き枝 } (j,i) \text{ の 2 個に置き換え,} \\ c^{\boldsymbol{\xi}}_{(i,j)} = c_{(i,j)} - \xi_{(i,j)}, \quad c^{\boldsymbol{\xi}}_{(j,i)} = \xi_{(i,j)} \end{cases}$$

- $\xi_{(i,j)} = c_{(i,j)}$ を満たす $(i,j) \in \mathcal{E}$

$$\Rightarrow \begin{cases} \mathcal{G}^{\boldsymbol{\xi}} \text{ では } (i,j) \text{ を逆向き枝 } (j,i) \text{ に置き換え,} \\ c^{\boldsymbol{\xi}}_{(j,i)} = c_{(i,j)} \end{cases}$$

ここで，有向グラフ $\mathcal{G}$ の枝で $e = (i,j)$ と $e' = (j,i)$ のように両向きの枝がある場合，残余ネットワークの枝への置き換えはそれぞれの枝に対し別々に行います．残余ネットワークで (i,j) に対応する枝と (j,i) に対応する枝が見かけ上同じになることはありますが，異なる枝として扱います．

残余ネットワークの枝集合 $\mathcal{E}^{\boldsymbol{\xi}}$ を 2 つのタイプに分けて，対応する $\mathcal{G}$ のもとの枝と同じ向きの枝の集合を $\mathcal{E}^{\boldsymbol{\xi}}_{\mathrm{for}}$，逆向きの枝の集合を $\mathcal{E}^{\boldsymbol{\xi}}_{\mathrm{rev}}$ と表すことにします．$\alpha \geq 0$ として，$\mathcal{G}^{\boldsymbol{\xi}}$ において $(i,j) \in \mathcal{E}^{\boldsymbol{\xi}}_{\mathrm{for}}$ に沿ってフローを α だけ流すことは $\xi_{(i,j)}$ の値を α だけ増やすことに対応して，$\mathcal{G}^{\boldsymbol{\xi}}$ において $(j,i) \in \mathcal{E}^{\boldsymbol{\xi}}_{\mathrm{rev}}$ に沿ってフローを α だけ流すことは $\xi_{(i,j)}$ の値を α だけ減らすことに対応します．

図 4.4(d) の実行可能フロー $\boldsymbol{\xi}$ と，その残余ネットワークについて考えましょう．たとえば，有向グラフ $\mathcal{G}$ の枝 (1, 2)，$(s, 1)$，(1, 3) それぞれの残余ネットワーク $\mathcal{G}^{\boldsymbol{\xi}}$ の枝への置き換えと，各枝の残余容量は**図 4.5**(a) のように表されます．ここで，$\mathcal{G}^{\boldsymbol{\xi}}$ の枝 (i,j) の色は $(i,j) \in \mathcal{E}^{\boldsymbol{\xi}}_{\mathrm{for}}$ ならば黒，$(j,i) \in \mathcal{E}^{\boldsymbol{\xi}}_{\mathrm{rev}}$ ならば青色としています．すべての枝について置き換えを行うことで，**図 4.5**(b) の残余ネットワーク $\mathcal{G}^{\boldsymbol{\xi}}$ が得られます．

与えられた実行可能フロー $\boldsymbol{\xi}$ について，$\mathcal{G}^{\boldsymbol{\xi}} = (\{s\} \cup \{t\} \cup V, \mathcal{E}^{\boldsymbol{\xi}})$ が s-t パスをもつならば，「$\mathcal{G}^{\boldsymbol{\xi}}$ における s-t パスに沿ってフローを流す」という操作によってフロー $\boldsymbol{\xi}$ を更新することができます．$\mathcal{G}^{\boldsymbol{\xi}}$ の枝には，$\mathcal{E}^{\boldsymbol{\xi}}_{\mathrm{for}}$ の枝と，$\mathcal{E}^{\boldsymbol{\xi}}_{\mathrm{rev}}$ の枝の 2 種類があることに注意しましょう．$\mathcal{G}^{\boldsymbol{\xi}}$ における s-t パス P に沿って α (≥ 0) だけフローを流すとは，フロー $\boldsymbol{\xi}$ を次のように更新することを意味するものとします．

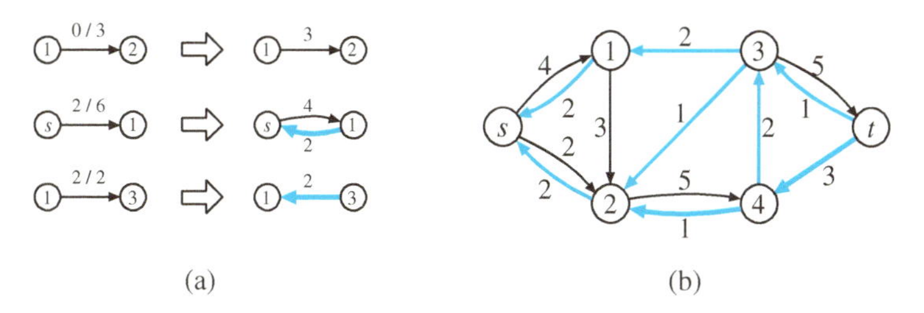

図 4.5　図 4.4 (d) の実行可能フロー $\boldsymbol{\xi}$ に関する残余ネットワーク $\mathcal{G}^{\boldsymbol{\xi}}$ の構成.

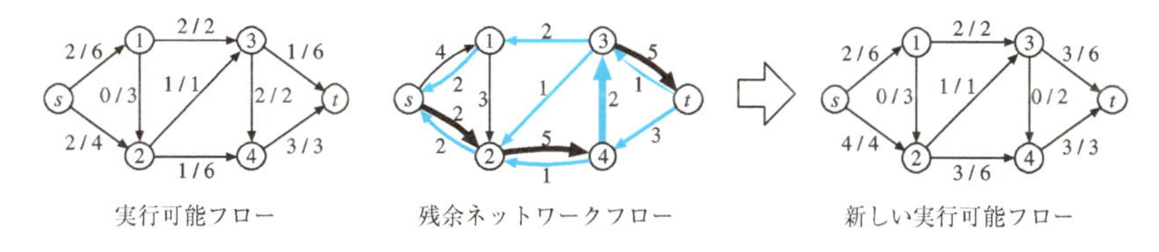

図 4.6　残余ネットワーク $\mathcal{G}^{\boldsymbol{\xi}}$ の増加パスを用いたフローの更新

$$
\begin{array}{lll}
(i,j) \in \mathcal{E}^{\boldsymbol{\xi}}_{\text{for}} \text{ かつ } (i,j) \text{ が } P \text{ 上にある} & \Rightarrow & \xi_{(i,j)} \text{ を } \alpha \text{ だけ増やす} \\
(j,i) \in \mathcal{E}^{\boldsymbol{\xi}}_{\text{rev}} \text{ かつ } (j,i) \text{ が } P \text{ 上にある} & \Rightarrow & \xi_{(i,j)} \text{ を } \alpha \text{ だけ減らす} \\
(i,j) \in \mathcal{E}^{\boldsymbol{\xi}} \text{ が } P \text{ 上にない} & \Rightarrow & \xi_{(i,j)} \text{ はそのまま}
\end{array}
$$

この更新によってフローの流量保存制約は保たれ，さらに流量は α だけ増加します．更新後にフローが容量制約を満たして実行可能フローとなるためには，$\alpha \leq \min\{c^{\boldsymbol{\xi}}_e : e \text{ は } P \text{ の枝}\}$ となる必要があります．残余ネットワーク $\mathcal{G}^{\boldsymbol{\xi}}$ における s-t パスを，**増加パス**（**augmenting path**）と呼びます．

図 4.5(b) の残余ネットワーク $\mathcal{G}^{\boldsymbol{\xi}}$ は増加パス $s \to 2 \to 4 \to 3 \to t$ をもち，この増加パス上の残余容量の最小値 $\min\{2,5,2,5\} = 2$ となります．よって，増加パス $s \to 2 \to 4 \to 3 \to t$ に沿ってフローを 2 流すことで，流量を 4 から 6 に増やすことができます．この一連の手続きをまとめると，図 4.6 のようになります．

最大流問題の増加パスアルゴリズム．

有向グラフ $\mathcal{G} = (\{s\} \cup \{t\} \cup V, \mathcal{E})$ に関する最大流問題に対する**増加パスアルゴリズム**（**augmenting path algorithm**）は，残余ネットワーク

$\mathcal{G}^{\boldsymbol{\xi}}$ の増加パスに沿って，フローを流すことを繰り返すというシンプルなアルゴリズムです．フォード（Ford）とファルカーソン（Fulkerson）により1956年に提案されたことから，**フォード・ファルカーソンのアルゴリズム**（**Ford-Fulkerson algorithm**）としても知られています．アルゴリズムの詳細は下記のようになります．

アルゴリズム 4.1 最大流問題の増加パスアルゴリズム

0. フロー $\boldsymbol{\xi}$ を $\xi_e = 0\ (e \in \mathcal{E})$ と初期化する．
1. 残余ネットワーク $\mathcal{G}^{\boldsymbol{\xi}}$ の増加パスを1つ選び P とする．増加パスが存在しない場合は，$\boldsymbol{\xi}$ を最大流として出力する．
2. $\alpha > 0$ を増加パス P 上の枝の残余容量の最小値とし，増加パス P に沿ってフローを α 流すことで $\boldsymbol{\xi}$ を更新してステップ1へ戻る．

図 4.1 で与えられる有向グラフに関する最大流問題において，アルゴリズム 4.1 を実行すると以下のようになります．

[初期化] ステップ0で，$\boldsymbol{\xi} = \mathbf{0}$ と初期化する（図 4.7(a-1)）．

[反復 1] ステップ1で，$\mathcal{G}^{\boldsymbol{\xi}}$ の増加パスとして，たとえば $s \to 1 \to 3 \to 4 \to t$ を選ぶ（図 4.7(a-2)）．ステップ2で，$\alpha = \min\{6, 2, 2, 3\} = 2$ より，このパスに沿ってフローを2だけ流し，流量は2となる（図 4.7(b-1)）．

[反復 2] ステップ1で，$\mathcal{G}^{\boldsymbol{\xi}}$ の増加パスとして，たとえば $s \to 2 \to 3 \to t$ を選ぶ（図 4.7(b-2)）．ステップ2で，$\alpha = \min\{4, 1, 6\} = 1$ より，このパスに沿ってフローを1だけ流し，流量は3となる（図 4.7(c-1)）．

[反復 3] ステップ1で，$\mathcal{G}^{\boldsymbol{\xi}}$ の増加パスとして，たとえば $s \to 2 \to 4 \to t$ を選ぶ（図 4.7(c-2)）．ステップ2で，$\alpha = \min\{3, 6, 1\} = 1$ より，このパスに沿ってフローを1だけ流し，流量は4となる（図 4.7(d-1)）．

[反復 4] ステップ1で，$\mathcal{G}^{\boldsymbol{\xi}}$ の増加パスとして，たとえば $s \to 2 \to 4 \to 3 \to t$ を選ぶ（図 4.7(d-2)）．ステップ2で，$\alpha = \min\{2, 5, 2, 5\} = 2$ より，この

パスに沿ってフローを 2 だけ流し，流量は 6 となる（図 4.7(e-1)）.

[反復 5] $\mathcal{G}^{\xi}$ は増加パスをもたない（図 4.7(e-2)）．よってステップ 1 では，流量 6 の現在のフロー $\boldsymbol{\xi}$ を最大流として出力する.

アルゴリズム 4.1 において，フロー $\boldsymbol{\xi}$ が常に実行可能フローであることと，流量が反復ごとに単調に増加することは明らかです．明らかでないのは以下の 2 点です.

- アルゴリズム 4.1 の反復回数がどの程度になるか？
- アルゴリズム 4.1 で出力されるフロー $\boldsymbol{\xi}$ が最大流となるのか？

結論から述べると，1 点目についてはアルゴリズム 4.1 のステップ 1 における増加パスの選び方を工夫すれば反復回数は頂点数と枝数の多項式で抑えられます．2 点目については，アルゴリズム 4.1 で出力されるフロー $\boldsymbol{\xi}$ は最大流となってアルゴリズムの妥当性がいえます．この 2 点について解説していきましょう.

最大流アルゴリズムの計算量

アルゴリズム 4.1 の反復回数について考えましょう．$\mathcal{G}$ のすべての枝容量が正の整数であれば，流量の単調性から有限回の反復で停止することは容易にわかります．枝容量が有理数の場合も，適当に整数倍して考えればアルゴリズム 4.1 が有限回の反復で停止することがわかります．しかしアルゴリズム 4.1 は，このままではいわゆる多項式時間アルゴリズムではありません.

$\varepsilon > 0$ を $1/\varepsilon$ が整数であるような十分小さい正の数として，図 4.8 のグラフにおける最大流問題を考えましょう．アルゴリズム 4.1 のステップ 1 の増加パスの選び方として，増加パスが複数あるときは最も枝数の多い増加パスを選ぶこととします．このとき，アルゴリズム中のフローの更新ごとに流量は ε ずつしか増えないため，アルゴリズム 4.1 の計算効率は著しく悪くなります.

アルゴリズム 4.1 の増加パスの選び方として，増加パスが複数ある場合には最も枝数の少ない増加パスを選ぶことにすれば，反復回数が $O(nm)$ となることが知られています．ここで，$\mathcal{G}$ の頂点数は $n+2$ であり，枝数を m としています．1 回の反復の計算時間は $O(m)$ であるため，増加パスアルゴ

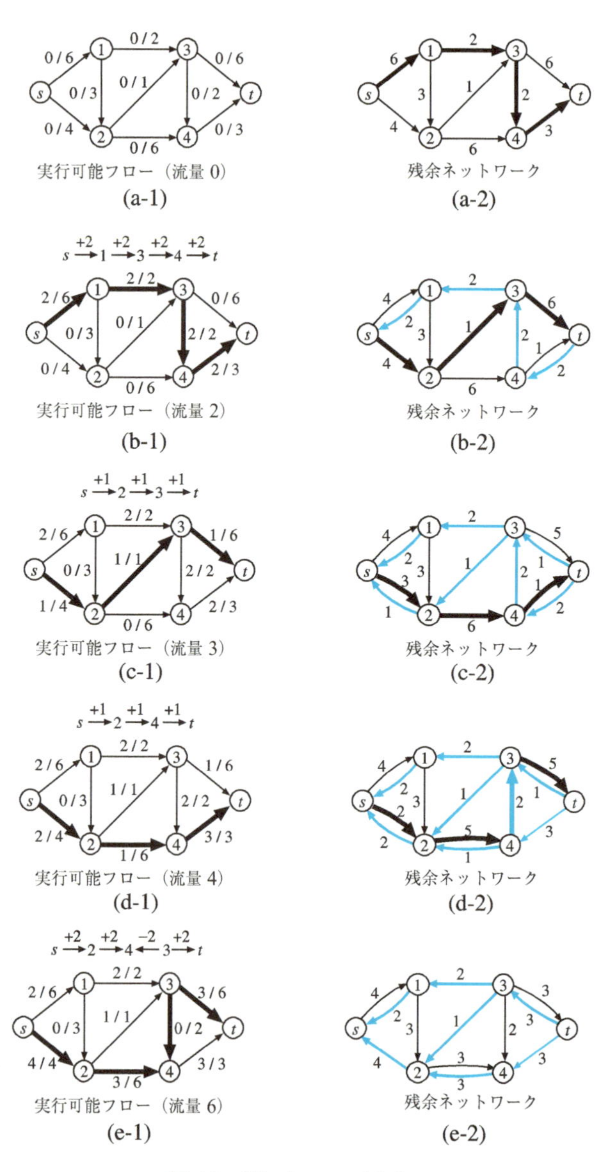

図 4.7 増加パスアルゴリズム．

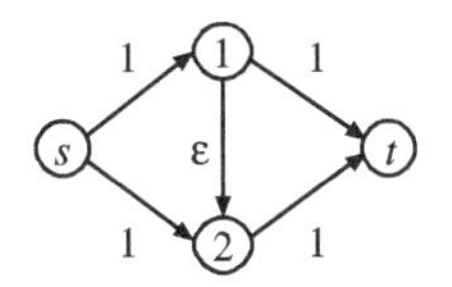

図 4.8 増加パスアルゴリズムの計算時間が著しく悪くなり得る例.

リズムは $O(nm^2)$ の計算時間で実行できることとなり，多項式時間アルゴリズムとなります．このように改良した増加パスアルゴリズムは，提案者の名前から**エドモンズ・カープのアルゴリズム**（**Edmonds-Karp algorithm**）と呼ばれます．

最大流問題に対しては，様々なアルゴリズムが知られています．実用的なアルゴリズムとして，**ゴールドバーグ・タージャンのアルゴリズム**（**Goldberg-Tarjan algorithm**）が有名です．このアルゴリズムでは実行可能フローを保持するのではなく，シンク以外の頂点でもフローがあふれることを許したプリフローと呼ばれる概念を用いたプリフロー・プッシュ法と呼ばれる，増加パスアルゴリズムとは異なる枠組みを用いています．ゴールドバーグ・タージャンのアルゴリズムの計算時間は，$O(nm \log \frac{n^2}{m})$ となることが知られています．本章の末尾には，4.4 節としてプリフロー・プッシュ法についても説明を与えます．ほかにも様々な最大流アルゴリズムが提案されています．詳しくは文献 [1] などを参照してください．

プリフロー・プッシュ法の枠組みは，1 つの最大流問題ではなく何らかの規則性をもった複数の最大流問題を 1 度に解くパラメトリック最大流問題に対してもうまく応用可能で，**ギャロ・グリゴリアディス・タージャンのアルゴリズム**（**Gallo-Grigoriadis-Tarjan algorithm**）[15] によって，1 つ 1 つの最大流問題を個別に解くよりも効率的に問題を解くことができます．パラメトリック最大流問題については，次章で扱う構造正則化学習において重要となるため，その中で説明を加えます．

最大流問題を含むネットワークフローの重要性が広く認識された 1980 年代以降，最大流問題が $O(nm)$ の計算時間で解けるかどうかは組合せ最適化分野における長年の未解決問題でしたが，これはオルリン (Orlin) の 2013 年の論文で肯定的に解決されています [44].

増加パスアルゴリズムの妥当性と最大流最小カット定理の証明

実行可能フロー $\boldsymbol{\xi}$ について，残余ネットワーク $\mathcal{G}^{\boldsymbol{\xi}}$ が増加パスをもたない場合を考えましょう．アルゴリズム 4.1 の妥当性を示すには，$\boldsymbol{\xi}$ が必ず最大流となることを示せばよいことになります．さらにここでは，最大流最小カット定理（式 (4.6)）も合わせて証明します．

$\mathcal{G}^{\boldsymbol{\xi}}$ において，ソース s から有向パスによって到達可能な頂点集合を $\mathcal{V}_1$ とおき，それ以外の $\mathcal{G}^{\boldsymbol{\xi}}$ の頂点集合を $\mathcal{V}_2$ とおきましょう．$s \in \mathcal{V}_1$ は明らかであり，$\mathcal{G}^{\boldsymbol{\xi}}$ が増加パスをもたないことから，$t \notin \mathcal{V}_1$，つまり $t \in \mathcal{V}_2$ となるため，$(\mathcal{V}_1, \mathcal{V}_2)$ は s-t カットとなります．また，$S = \mathcal{V}_1 \setminus \{s\}$ とおきましょう．たとえば図 4.7(e-2) の場合だと，$(\mathcal{V}_1, \mathcal{V}_2) = (\{s, 1, 2, 4\}, \{t, 3\})$，$S = \{1, 2, 4\}$ となります．次の補題によって，フローと s-t カットに関する様々な重要な性質が導かれます．

命題 4.2

実行可能フロー $\boldsymbol{\xi}$ の流量と s-t カット $(\mathcal{V}_1, \mathcal{V}_2)$ の容量 $\kappa(S)$ は等しい．

証明.

$\boldsymbol{\xi}$ の流量について次式が成り立ちます．

$$\begin{aligned}(\boldsymbol{\xi}\text{ の流量}) &= (\mathcal{V}_1\text{から出るフローの量}) - (\mathcal{V}_1\text{に入るフローの量}) \\ &= (\mathcal{V}_1\text{から出るフローの量}) - (\mathcal{V}_2\text{から出るフローの量}) \\ &= \sum_{e \in \delta_{\mathcal{G}}^{\text{out}}(\mathcal{V}_1)} \xi_e - \sum_{e \in \delta_{\mathcal{G}}^{\text{out}}(\mathcal{V}_2)} \xi_e \end{aligned} \tag{4.7}$$

ここで残余ネットワーク $\mathcal{G}^{\boldsymbol{\xi}}$ において，$\mathcal{V}_1$ から $\mathcal{V}_2$ への枝がないことから，次の関係式が成立します．

$$\begin{aligned} e \in \delta_{\mathcal{G}}^{\text{out}}(\mathcal{V}_1) &\Rightarrow \xi_e = c_e \\ e \in \delta_{\mathcal{G}}^{\text{out}}(\mathcal{V}_2) &\Rightarrow \xi_e = 0 \end{aligned}$$

式 (4.7) にこの関係式を代入し，s-t カット関数の定義を用いることで

$$(\boldsymbol{\xi}\text{ の流量}) = \sum_{e \in \delta_{\mathcal{G}}^{\mathrm{out}}(\mathcal{V}_1)} c_e - \sum_{e \in \delta_{\mathcal{G}}^{\mathrm{out}}(\mathcal{V}_2)} 0 = \sum_{e \in \delta_{\mathcal{G}}^{\mathrm{out}}(\{s\} \cup S)} c_e = \kappa(S)$$

が得られ，命題 4.2 が証明されます． □

命題 4.2 から，ただちに様々な性質が導かれます．まず，フローと s-t カットに関する自明な関係式 (4.5) と命題 4.2 から，実行可能フロー $\boldsymbol{\xi}$ が最大流であることと，s-t カット $(\mathcal{V}_1, \mathcal{V}_2)$ が容量最小の s-t カットとなることが同時にわかります．よって，アルゴリズム 4.1 が停止するならば，得られるフローの最適性が示されました．

続いて，定理 4.1（最大流最小カット定理）を証明しましょう．

定理 4.1 の証明.

エドモンズ・カープのアルゴリズムを有向グラフ $\mathcal{G}$ に適用することによって，実行可能フロー $\boldsymbol{\xi}$ で $\mathcal{G}^{\boldsymbol{\xi}}$ が増加パスをもたないものが必ず見つかります．この $\boldsymbol{\xi}$ を用いて，上のように s-t カット $(\mathcal{V}_1, \mathcal{V}_2)$ を構成すれば，不等式 (4.5) と命題 4.2 より定理 4.1（最大流最小カット定理）が導かれます． □

さらに命題 4.2 は，最大流アルゴリズムを用いた最小 s-t カットの求め方も示唆しています．

最大流を用いた最小 s-t カットの計算

任意の最大流 $\boldsymbol{\xi}$ について，残余ネットワーク $\mathcal{G}^{\boldsymbol{\xi}}$ が増加パスをもたないことは明らかです．命題 4.2 より，最大流 $\boldsymbol{\xi}$ を用いてただちに最小 s-t カットを求めることができます．劣モジュラ関数である s-t カット関数 $\kappa : 2^V \to \mathbb{R}$ の最小化問題を解く方法は，以下のように記述できます．

アルゴリズム 4.2 最大流を用いた s-t カット関数最小化アルゴリズム

1. $\mathcal{G} = (\{s\} \cup \{t\} \cup V, \mathcal{E})$ 上の最大流 $\boldsymbol{\xi}$ を求める.
2. 残余ネットワーク $\mathcal{G}^{\boldsymbol{\xi}}$ において，ソース s から有向パスによって到達可能な頂点集合 $\mathcal{V}_1$ について，$S = \mathcal{V}_1 \setminus \{s\} \subseteq V$ を出力する.

アルゴリズム 4.2 によって，s-t カット関数 $\kappa : 2^V \to \mathbb{R}$ の最小化元 $S \subseteq V$ が得られることはこれまでの議論から明らかです．アルゴリズム 4.2 の計算量は，基本的にはステップ 1 が支配的になるため，最大流アルゴリズムと同じくゴールドバーグ・タージャンのアルゴリズムを用いれば $O(nm \log \frac{n^2}{m})$ となり，オルリンのアルゴリズムを用いれば $O(nm)$ となります．ただし，m は $\mathcal{G}$ の枝数です.

このようにして，劣モジュラ関数の特殊ケースである s-t カット関数最小化は理論的にも実用的にもかなり高速に解くことができます.

4.2 マルコフ確率場における推論とグラフカット

多変数データを扱う際に，データの各変数が何らかの構造をもつ場合，その構造を用いて様々な推論アルゴリズムが再帰的に記述できる場合があります．マルコフ確率場はその代表的なモデルで，無向グラフを用いて変数間のマルコフ性を表します．ここでは，マルコフ確率場の**最大事後確率推定**（**maximum-a-posteriori estimation**）と劣モジュラ最適化との関係について見ていきます．そして，コンピュータ・ビジョン分野などでさかんに用いられるグラフカットは，本質的には，前節で説明した s-t カットの最小化計算をしているということについて見ていきましょう.

4.2.1 マルコフ確率場

有限個のラベル集合 $\mathcal{L} := \{0, 1, \ldots, l\}$（$l > 0$）と d 個の確率変数 x_i

$(i = 1, \ldots, d)$ について，各確率変数 x_i は $l + 1$ 個のラベルのいずれかの値をとるものとします．そして，各変数 x_i に対応するような頂点集合 $\mathcal{V} = \{1, \ldots, d\}$ をもつ無向グラフ $\mathcal{G} = (\mathcal{V}, \mathcal{E})$ が与えられるとします．ここで枝集合 $\mathcal{E}$ の情報は確率変数どうしの関係を表しており，マルコフ確率場において，このグラフ構造は次のような確率的な性質を表現します．

$$p(x_i | x_1, \ldots, x_{i-1}, x_{i+1}, \ldots, x_d) = p(x_i | \{x_j \colon (i,j) \in \mathcal{E}\})$$

ただし，$B_i := \{x_j \colon (i,j) \in \mathcal{E}\}$ は，x_i とグラフ $\mathcal{G}$ 上で隣接する頂点の集合を表します（このような B_i のことを x_i の**マルコフブランケット**（**Markov blanket**）と呼びます）．つまりこの性質は，x_i 以外の変数を条件とした場合の x_i の条件つき確率が，x_i に隣接する頂点上の変数のみを条件とした場合のそれと等しくなるということを表しています．このような性質のことを，**マルコフ性**（**Markov property**）と呼びます．無向グラフで表されるこの条件つき独立性に基づけば，$\boldsymbol{x} = (x_i)_{i \in \mathcal{V}}$ として，確率分布は次のように分解することができます．

$$p(\boldsymbol{x}) = \prod_{c \in \mathcal{C}} \Theta_c(\boldsymbol{x}_c)$$

ただし，$\mathcal{C}$ は $\mathcal{G}$ のクリーク（互いにすべて隣接し合う頂点集合で極大なもの）[*1] 全体から成る集合を表すとし，また Θ_c はクリーク c 内の頂点に対応する変数 $\boldsymbol{x}_c = (x_i)_{i \in c}$ 上に定義された何らかの関数であると，ここではしておきます．このように，マルコフ性に基づき確率分布が分解可能なモデルのことを，**マルコフ確率場**（**Markov random field**）と呼びます．このような分解が可能であるという性質は，確率伝播法など，マルコフ確率場上での推論アルゴリズムの設計において利用されます．

マルコフ確率場で扱う分布は，一般には，正規分布など指数型分布族に含まれるものであることがほとんどなので，通常は，直接 $p(\boldsymbol{x})$ のまま扱うよりも次式のような関数 $E(\boldsymbol{x})$ を用いて議論します．

$$p(\boldsymbol{x}) \propto \exp(-E(\boldsymbol{x})) \quad ただし \quad E(\boldsymbol{x}) = \sum_{c \in \mathcal{C}} \Theta_c(\boldsymbol{x}) \tag{4.8}$$

関数 $E(\boldsymbol{x})$ は，単にコスト関数と呼ばれたり，あるいは**エネルギー**（**energy**）

---

*1　機械学習の分野でクリークといった場合には極大であるという条件を入れることがしばしばありますが，グラフ理論においては単に「互いにすべて隣接し合う頂点集合」とすることが多いようです．

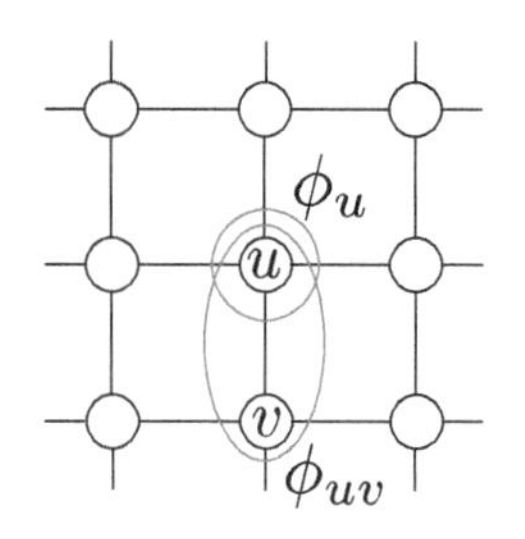

図 4.9　一階マルコフ確率場の概念図.

と呼ばれます．この呼び方は，イジングモデルなどの統計物理モデルとの関係で，後に述べる $p(\boldsymbol{x})$ の最大事後確率推定と，関数 $E(\boldsymbol{x})$ の最小化（**エネルギー最小化**（**energy minimization**）と呼ばれる）との等価性に起因します．

ここからは基本的に，無向グラフ $\mathcal{G}$ の形を，図 4.9 のように格子状のものに限定して話を進めます．このような格子状グラフ上での確率分布は，たとえば画像を扱う際などには非常に自然なモデル化でもあり，コンピュータ・ビジョン分野や一部の物理学分野ではよく見られます．また，このようなマルコフ確率場は **1 階マルコフ確率場**（**first-order Markov random field**）とも呼ばれます．格子状グラフにおいてはクリークは，グラフ上で隣接する変数ペアからなる要素数 2 の集合になります．したがって上記のエネルギー $E(\boldsymbol{x})$ を用いた場合は，関数は枝が存在する各ペアごとに分解されます．したがって今，この場合の分布で何らかの推論（データが与えられたときに，それに応じて何らかの基準で $\boldsymbol{x}$ への値の割り当てを行う演算）を行うことを考えたとすると，この推論は次のような最適化問題として表されることがわかります．

$$\min_{\boldsymbol{x}\in\mathcal{L}^V} E(\boldsymbol{x}) = \min_{\boldsymbol{x}\in\mathcal{L}^V}\left(\sum_{i\in V}\theta_i(x_i) + \sum_{(i,j)\in\mathcal{E}}\theta_{ij}(x_i,x_j) + \theta_{\mathrm{const}}\right) \tag{4.9}$$

ただし，$V := \mathcal{V} = \{1,\ldots,d\}$ であり，$\boldsymbol{x} = (x_i)_{i\in V}$ のとり得る範囲を（V のべき集合を 2^V と表記するのと近い表現を用いて）$\mathcal{L}^V$ と表記しています．また右辺の第 1 項は各変数ごとに定義される量を組み込めるように加えてあるものだと捉えてください．また，θ_{const} は定数です．ただし後で見るよう

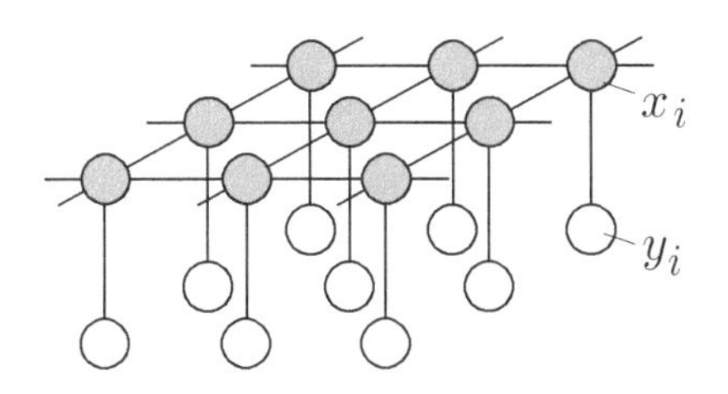

図 4.10　条件つき確率場の概念図．

に，式 (4.9) は冗長な表現となっており，本質的には任意の 1 階マルコフ確率場のエネルギー関数は第 2 項のみでも（第 1 項がなくても）表現可能です．

例：条件つき確率場

エネルギー最小化が式 (4.9) のように記述される具体的な例として，図 4.10 で表されるようなグラフ上での**条件つき確率場**（**conditional random field**）における最大事後確率推定について考えてみましょう．このモデルでは，直接は観測されない灰色で表される変数（$\boldsymbol{x}$）の各々の状態を反映して，観測可能な変数（$\boldsymbol{y}$）の観測量が決まります．たとえば，ノイズのある画像 $\boldsymbol{y}$ からもとの画像 $\boldsymbol{x}$ を復元するような状況を考えれば，各々の画素 i における値 x_i から，ノイズの存在する観測過程 $p(y_i|x_i)$ を経て実際の観測 y_i が得られるような状況をモデル化しています．

まず，観測されない変数（**隠れ変数**（**hidden variable**）と呼ばれます）$\boldsymbol{x}$ のみに注目すれば，この部分は，格子状グラフに関するマルコフ確率場と同様の形をしています．したがって，同時分布 $p(\boldsymbol{x})$ は

$$p(\boldsymbol{x}) = C \exp\left(- \sum_{(i,j)\in\mathcal{E}} \tilde{\theta}_{ij}(x_i, x_j) \right)$$

のように表されます．$C > 0$ は何らかの定数です．したがって，変数 $\boldsymbol{y}$ に関する観測 $\boldsymbol{y}^{(1)}, \ldots, \boldsymbol{y}^{(N)}$ が得られたとき，その最大事後確率推定は次式のように計算されます．

$$
\begin{aligned}
\hat{\boldsymbol{x}} &= \operatorname*{argmax}_{\boldsymbol{x}\in\mathcal{L}^V} \sum_{k=1}^{N} p(\boldsymbol{x}|\boldsymbol{y}^{(k)}) \\
&= \operatorname*{argmax}_{\boldsymbol{x}\in\mathcal{L}^V} \sum_{k=1}^{N} \prod_{i\in V} p(y_i^{(k)}|x_i) p(\boldsymbol{x}) \\
&= \operatorname*{argmax}_{\boldsymbol{x}\in\mathcal{L}^V} \left(N \log(p(\boldsymbol{x})) + \sum_{k=1}^{N} \sum_{i\in V} \log(p(y_i^{(k)}|x_i)) \right) \\
&= \operatorname*{argmin}_{\boldsymbol{x}\in\mathcal{L}^V} \left(N \sum_{(i,j)\in\mathcal{E}} \tilde{\theta}_{ij}(x_i, x_j) - N \log C + \sum_{i\in V} \sum_{k=1}^{N} - \log(p(y_i^{(k)}|x_i)) \right)
\end{aligned}
$$

したがって，$\theta_i(x_i) \leftarrow \sum_{k=1}^{N} - \log(p(y_i^{(k)}|x_i))$，$\theta_{ij}(x_i, x_j) \leftarrow N\tilde{\theta}_{ij}(x_i, x_j)$，$\theta_{\mathrm{const}} \leftarrow -N \log C$ のように対応させて考えれば，式 (4.9) が得られることがわかります．

4.2.2 エネルギー最小化における劣モジュラ性

エネルギー最小化問題 (4.9) は，一般に NP 困難であることが知られています．つまり，変数の数が増えるのにしたがって，可能な解の個数が指数関数的に増えてしまい，実質的には解くことが困難になってしまいます．しかし $\boldsymbol{x}$ が二値変数である場合（つまり $l = 1$ の場合），ペア項 θ_{ij} が一定の条件を満たせば，この計算は多項式時間で可能なことが知られています *2．その条件は，次式のように表されます．

$$
\theta_{ij}(1,0) + \theta_{ij}(0,1) \geq \theta_{ij}(0,0) + \theta_{ij}(1,1) \tag{4.10}
$$

この不等式は，ペア項のある種の「滑らかさ」を表しています．エネルギーは小さい方が好まれるわけですが，それはつまり，この不等式の右辺を好むということになります．右辺では，両変数が一致しています．つまり，このペア項を用いることで，もとのグラフ上で隣接する頂点への 0，または 1 の割り当てが一致する傾向が高くなります．画像におけるセグメンテーションを例にとってみると，これは非常に自然な仮定になっていることがわかりま

*2 なお，ラベルが多値の場合にも，多項式時間で解けるための条件がいくつか知られています．興味のある読者は，たとえば文献 [27, 28] などを参考にしてください．

(a)もと画像

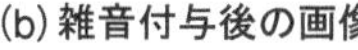
(b) 雑音付与後の画像

(c) 復元画像

図 4.11　劣モジュラ性を満たすエネルギー関数の最小化によるノイズ除去の数値例.

す．というのも，画像中で，背景に対応する画素の隣は背景である場合が多いでしょうし，オブジェクトも同様です．背景とオブジェクトの境界においてのみ，割り当てが 0 と 1 で異なるのが望ましいわけですが，それは画像全体でいえばまれな状況で，このときのみ，エネルギー関数の値が大きくなることが許容されます．したがって，式 (4.10) で表される滑らかさは応用上妥当な仮定となっていることがわかります．

図 4.11 は，仮定 (4.10) を満たすエネルギー関数の最小化をノイズ除去へ適用した数値例になります．同図 (a) は，40×40 の正方形において中心部の値が 1，その背景の値を 0 とした元画像になります．これに対し，20%の確率でランダムに 0 と 1 を反転させて雑音を加えたものが (b) になります．この (b) の画像を入力として，エネルギー最小化を行い得られた復元図が (c) になります．この数値例では，すべての変数に共通で，入力画像と復元画像の値が異なっていたら $\theta_i(x_i) = 1$，それ以外は $\theta_i(x_i) = 0$ となるように設定し，また $\theta_{ij}(1,0) = \theta_{ij}(0,1) = 1$，$\theta_{ij}(0,0) = \theta_{ij}(1,1) = 0$ のように設定しています．

実は，不等式 (4.10) は劣モジュラ性そのものです．この等価性について，劣モジュラ性の定義式 (1.1) に基づいて確認をしてみましょう．まず式 (4.10) は，要素 i と j の 2 つのみについての表現なので，$V = \{1, 2\}$ として考えていきます．このとき，V の部分集合 $S \subseteq V$ としては，$\{\}, \{1\}, \{2\}, V$ の 4 通りのみです．本書の冒頭で説明したように，有限集合 V の部分集合 S と，$|V|$ 次元の 0-1 ベクトルとは特性ベクトルを用いて 1 対 1 に対応づけることができたので，たとえば，$\theta_{ij}(1,0)$ は $\theta_{ij}(\{1\})$ のような表現と等価であることに注意してください．まず，2 つの部分集合 S, T のうちのいずれかが $\{\}$

であるとき，たとえば $T=\{\}$ なら，$S\cup T=S$，$S\cap T=\{\}=T$ のようになるので，劣モジュラ性の定義を満たすことは明らかです．また同じようにいずれかが V であるとき，たとえば $T=V$ なら，$S\cup T=V=T$，$S\cap T=S$ のようになるので，この場合も劣モジュラ性の定義を満たすことは明らかです．さらに $S=T$ となるときも明らかでしょう．残りは S と T が，互いに $\{1\}$，または $\{2\}$ の異なるいずれかである場合のみですが，この場合は，$S\cup T=V$，$S\cap T=\{\}$ となることから，劣モジュラ性の定義が表す不等式は，式 (4.10) そのものであることわかります．劣モジュラ関数は和について閉じていますので（劣モジュラ関数の和は劣モジュラ関数），各 (i,j) について式 (4.10) が成り立っていれば，1 階エネルギー最小化の目的関数も劣モジュラ性を満たすことがわかります．

4.2.3 グラフカット

各確率変数 x_i $(i=1,\ldots,d)$ が二値変数である場合のエネルギー最小化問題 (4.9) について引き続き考えます．式 (4.9) のような 2 次以下の項をもつエネルギー最小化は，2 次項が劣モジュラ性（式 (4.10)）を満たせば，いわゆる**グラフカット**（**graph cut**）アルゴリズムと呼ばれる方法で極めて高速に解けることが知られています．ここでは，その具体的な方法について説明します．グラフカットのためには，まず再パラメータ化と呼ばれる操作を繰り返すことによってエネルギー関数を標準形へと変形する必要があります．

それでは，その具体的な手順について説明します．まず，式 (4.9) 中のエネルギー関数 $E(\boldsymbol{x})$ は $\boldsymbol{x}$ の関数ではありますが，その関数値は，各 $\boldsymbol{x}$ に応じて，それぞれ $\theta_i(0),\theta_i(1),\theta_{ij}(0,0),\theta_{ij}(0,1),\theta_{ij}(1,0),\theta_{ij}(1,1)$ の値により決まります．以後簡単のため，

$$\theta_{i;0}:=\theta_i(0),\ \theta_{i;1}:=\theta_i(1),\ \theta_{ij;00}:=\theta_{ij}(0,0),\ \theta_{ij;01}:=\theta_{ij}(0,1),$$
$$\theta_{ij;10}:=\theta_{ij}(1,0),\ \theta_{ij;11}:=\theta_{ij}(1,1)$$

と表記することにします．このとき，

$$\theta_i(x_i)=\theta_{i;1}x_i+\theta_{i;0}\bar{x}_i$$
$$\theta_{ij}(x_i,x_j)=\theta_{ij;11}x_ix_j+\theta_{ij;01}\bar{x}_ix_j+\theta_{ij;10}x_i\bar{x}_j+\theta_{ij;00}\bar{x}_i\bar{x}_j$$

のようにエネルギー関数を表現できます．ただし $\bar{x}_i$ は，$\bar{x}_i:=1-x_i$ のよ

うに定義されます．したがって別の見方をすれば，$\boldsymbol{\theta}$ がすべての頂点に関する $\theta_{i;0}$ などをまとめたベクトルを表すとすると，エネルギー関数は $\boldsymbol{\theta}$ によりパラメータ化されていると考えてもよいことがわかります．つまり，エネルギー関数は $E(\boldsymbol{x}|\boldsymbol{\theta})$ のように表されます．

一方でこのような見方をすると，エネルギー関数は，パラメータ $\boldsymbol{\theta}$ に関して冗長な表現になっていることが容易にわかります．たとえば，ある頂点 $i \in \mathcal{V}$ に関して，何らかの実数 $\delta \in \mathbb{R}$ を用いてパラメータを

$$\theta_{i;0} \leftarrow \theta_{i;0} - \delta,\ \theta_{i;1} \leftarrow \theta_{i;1} - \delta,\ \theta_{\mathrm{const}} \leftarrow \theta_{\mathrm{const}} + \delta \tag{4.11}$$

と変換しても，x_i は 0 か 1 の値しかとらないので，エネルギー関数の値は x_i の実現値に対して同じになります．このように，$E(\boldsymbol{x}|\boldsymbol{\theta}') = E(\boldsymbol{x}|\boldsymbol{\theta})$ となる $\boldsymbol{\theta}'$ を，$\boldsymbol{\theta}$ の**再パラメータ化**（**reparameterization**）と呼びます．

式 (4.11) は，頂点のみに着目して得られた再パラメータ化ですが，枝 $(i,j) \in \mathcal{E}$ に着目しても得られます．まず，$\bar{x}_j = \bar{x}_j(x_i+\bar{x}_i)$, $x_j = x_j(x_i+\bar{x}_i)$ であることに着目すれば，次の 2 つの再パラメータ化が得られます．

$$\theta_{ij;00} \leftarrow \theta_{ij;00} - \delta,\ \theta_{ij;10} \leftarrow \theta_{ij;10} - \delta,\ \theta_{j;0} \leftarrow \theta_{j;0} + \delta, \tag{4.12a}$$

$$\theta_{ij;01} \leftarrow \theta_{ij;01} - \delta,\ \theta_{ij;11} \leftarrow \theta_{ij;11} - \delta,\ \theta_{j;1} \leftarrow \theta_{j;1} + \delta, \tag{4.12b}$$

また同様にして，$\bar{x}_i = \bar{x}_i(x_j + \bar{x}_j)$，$x_i = x_i(x_j + \bar{x}_j)$ であることに着目すれば，さらに次の 2 つの再パラメータ化が得られます．

$$\theta_{ij;00} \leftarrow \theta_{ij;00} - \delta,\ \theta_{ij;01} \leftarrow \theta_{ij;01} - \delta,\ \theta_{i;0} \leftarrow \theta_{i;0} + \delta, \tag{4.12c}$$

$$\theta_{ij;10} \leftarrow \theta_{ij;10} - \delta,\ \theta_{ij;11} \leftarrow \theta_{ij;11} - \delta,\ \theta_{i;1} \leftarrow \theta_{i;1} + \delta, \tag{4.12d}$$

グラフ $\mathcal{G} = (\mathcal{V}, \mathcal{E})$ が連結であるとき（2 つ以上に分かれていないとき），任意の可能な再パラメータ化は，式 (4.11)，または式 (4.12) の再パラメータ化を組み合わせることで得られます．

このように，1 階エネルギー関数はパラメータ $\boldsymbol{\theta}$ に関して冗長な表現となっています．ここで，グラフカットを導出するするために，次のように 1 階エネルギー関数の**標準形**（**normal form**）を定義します．

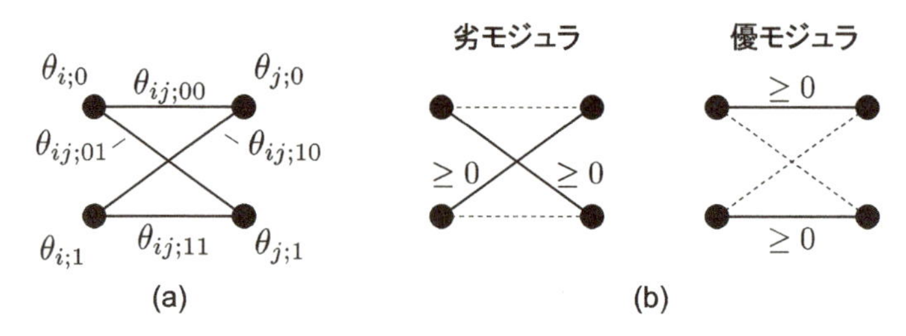

図 4.12 (a) パラメータ $\theta_{i;a}, \theta_{ij;ab}, \theta_{j;b}$ の対応を表した図と，(b) これに基づき標準形の条件 (4.13a)(左) と (4.13b)(右) を各々表した図.

定義 4.1 (標準形)

各頂点 $i \in \mathcal{V}$ について

$$\min\{\theta_{i;0}, \theta_{i;1}\} = 0$$

を満たし，かつ各枝 $(i, j) \in \mathcal{E}$ について

$$\theta_{ij;00} = 0,\ \theta_{ij;01} \geq 0,\ \theta_{ij;10} \geq 0,\ \theta_{ij;11} = 0, \tag{4.13a}$$

$$\theta_{ij;00} \geq 0,\ \theta_{ij;01} = 0,\ \theta_{ij;10} = 0,\ \theta_{ij;11} \geq 0, \tag{4.13b}$$

のいずれか（条件 (4.13a) または条件 (4.13b)）を満たすとき，パラメータ $\boldsymbol{\theta}$ は標準形であるという.

図 4.12 は，条件 (4.13) を図示したものになります．条件 (4.13a) と条件 (4.13b) は，式 (4.10) から確認できるように，それぞれ各 2 次項が劣モジュラである場合と優モジュラである場合になっています.

任意のパラメータ $\boldsymbol{\theta}$ を用いた 1 階エネルギー関数 $E(\boldsymbol{x}|\boldsymbol{\theta})$ は，アルゴリズム 4.3 のようにして再パラメータ化を適切に繰り返すことにより，線形時間で標準形へと変換することができます.

アルゴリズム 4.3 は，ステップ 1 は各枝について定数回の操作，ステップ 2 は各頂点について定数回の操作から成るので，全体として $O(|\mathcal{V}| + |\mathcal{E}|)$ の計算コストで実行できることがわかります．なお，標準形自体も，与えられ

アルゴリズム 4.3 標準形への再パラメータ化

1. 各枝 $(i,j) \in \mathcal{E}$ について，次の手順を実行する．

   a. $\theta_{ij;ab}$ を非負にする：$\delta = \min_{a,b\in\{0,1\}} \theta_{ij;ab}$ を計算して，次式のように設定する．

   $$\theta_{ij;ab} \leftarrow \theta_{ij;ab} - \delta \quad (\forall a,b \in \{0,1\}),\ \theta_{\text{const}} \leftarrow \theta_{\text{const}} + \delta$$

   b. 各ラベル $b \in \{0,1\}$ について，$\delta = \min\{\theta_{ij;0b}, \theta_{ij;1b}\}$ を計算して次式のように設定する．

   $$\theta_{ij;0b} \leftarrow \theta_{ij;0b} - \delta,\ \theta_{ij;1b} \leftarrow \theta_{ij;1b} - \delta,\ \theta_{j;b} \leftarrow \theta_{j;b} + \delta$$

   c. 各ラベル $a \in \{0,1\}$ について，$\delta = \min\{\theta_{ij;a0}, \theta_{ij;a1}\}$ を計算して次式のように設定する．

   $$\theta_{ij;a0} \leftarrow \theta_{ij;a0} - \delta,\ \theta_{ij;a1} \leftarrow \theta_{ij;a1} - \delta,\ \theta_{j;a} \leftarrow \theta_{j;a} + \delta$$

2. 各頂点 i について，$\delta = \min\{\theta_{i;0}, \theta_{i;1}\}$ を計算して，次式のように設定する．

   $$\theta_{i;0} \leftarrow \theta_{i;0} - \delta,\ \theta_{i;1} \leftarrow \theta_{i;1} - \delta,\ \theta_{\text{const}} \leftarrow \theta_{\text{const}} + \delta$$

た各エネルギー関数に対して唯一に決まるというものではありませんが，グラフカットの適用に際しては問題になりません．

上述の結果に基づいて，今，グラフカットによるエネルギー最小化はアルゴリズム 4.4 のように記述することができます．アルゴリズム 4.4 は，標準形の定義から，各枝が劣モジュラ性（式 (4.10)）を満たしていればもとのエネルギー関数を最小化できることがわかります．

アルゴリズム 4.4 からわかるように，再パラメータ化による標準形への変換は，エネルギー最小化を最小 s-t カット問題として解くための変換であることがわかります．4.1 節でも述べたように，最小 s-t カット問題へ最大流アルゴリズムを適用するには，s-t グラフの枝の重みがすべて非負である必要がありました．そのようにエネルギー関数の標準形への変換は，この仮定を

アルゴリズム 4.4 グラフカットアルゴリズム

1. アルゴリズム 4.3 の手順にしたがって，標準形となるように $\boldsymbol{\theta}$ を再パラメータ化する．
2. $\widehat{\mathcal{V}} := \mathcal{V} \cup \{s, t\}$ として，次式のような非負の重みをもつ枝 $\widehat{\mathcal{E}}$ から成る有向グラフ $\widehat{\mathcal{G}} = (\widehat{\mathcal{V}}, \widehat{\mathcal{E}})$ を構築する（図 4.13 も参照）．

$$w_{si} = \theta_{i;1},\ w_{it} = \theta_{i;0},\ w_{ij} = \theta_{ij;01},\ w_{ji} = \theta_{ji;10}$$

3. グラフ $\widehat{\mathcal{G}}$ 上での最小 s-t カットを計算し，ソース s 側の頂点を 1，シンク t 側の頂点を 0 となるように $\boldsymbol{x}$ に値を割り当てる．

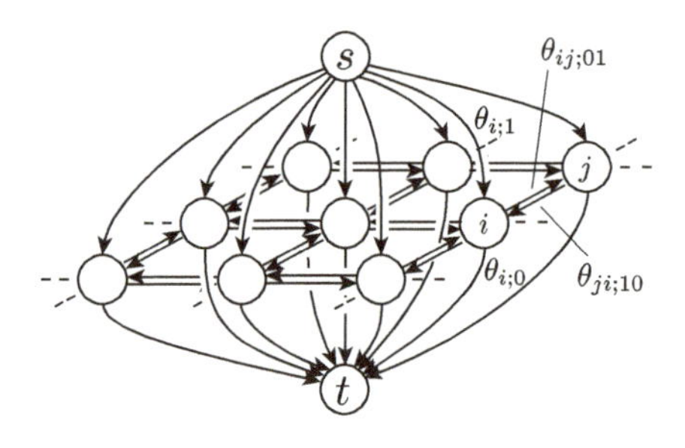

図 4.13 1 階エネルギー最小化へのグラフカットに用いられる s-t グラフ．

満たす s-t グラフの重みを計算する手順なのです．グラフカットは非常に大きな問題へも適用可能なため，コンピュータ・ビジョン分野における主流となっているアプローチの 1 つです．この事実からも再確認できるように，有向グラフの s-t カット最小化は，劣モジュラ関数最適化の中で極めて高速に計算できる特殊ケースであることがわかります．

4.3 グラフ表現可能な劣モジュラ関数

ここまでで見てきたように，有向グラフの s-t カット関数は，高速な最小化が可能な劣モジュラ関数の特殊クラスであるといえます．しかし当然ながら，この関数のみではその記述力に限界があるため，様々な実用的な場面で十分であるとはいえません．したがって，有向グラフの s-t カット関数よりも記述力があり，一方でこの関数同様に高速に最小化できる関数が考えられれば，実用上極めて有用でしょう．ここでは，その1つの答えとして，**グラフ表現可能な劣モジュラ関数**（**graph-representable submodular function**）について考えます．グラフ表現可能な劣モジュラ関数とは，いくつかの補助的な頂点を加えれば有向グラフの s-t カット関数として表すことができる関数で，まさに先に述べたような実用上有用な関数のクラスであるといえます．

4.3.1 s-t カット関数の一般化

頂点集合を $\mathcal{V}$，枝集合 $\mathcal{E}$ とする有向グラフ $\mathcal{G} = (\mathcal{V}, \mathcal{E})$ について考えましょう．ただし頂点集合 $\mathcal{V}$ は，ソース s，シンク t，n 個の頂点集合 $V = \{1, \ldots, n\}$，k 個の頂点集合 $U = \{u_1, \ldots, u_k\}$ の 4 種類に分割されて $\mathcal{V} = \{s\} \cup \{t\} \cup V \cup U$ と表され，$n + k + 2$ 個の頂点からなるものとします．また各枝 $e \in \mathcal{E}$ には，正の枝容量 $c_e > 0$ が定められているものとします．図 4.14 は，$V = \{1, 2, 3\}$，$U = \{u_1, u_2\}$ とする頂点数 7，枝数 11 の有向グラフの例を示しており，各枝の数字は枝容量を表しています．

$V \cup U$ の部分集合全体 $2^{V \cup U}$ で定義される s-t カット関数 $\kappa' : 2^{V \cup U} \to \mathbb{R}$ を次式で定めます．

$$\kappa'(S') = \sum_{e \in \delta_{\mathcal{G}}^{\text{out}}(\{s\} \cup S')} c_e \qquad (\forall S' \subseteq V \cup U)$$

関数 $\kappa' : 2^{V \cup U} \to \mathbb{R}$ は，4.1 節で扱った s-t カット関数と同様の関数であることから，当然劣モジュラ関数となります．このとき，V の部分集合全体 2^V で定義される集合関数 $\gamma : 2^V \to \mathbb{R}$ を次式で定義します．

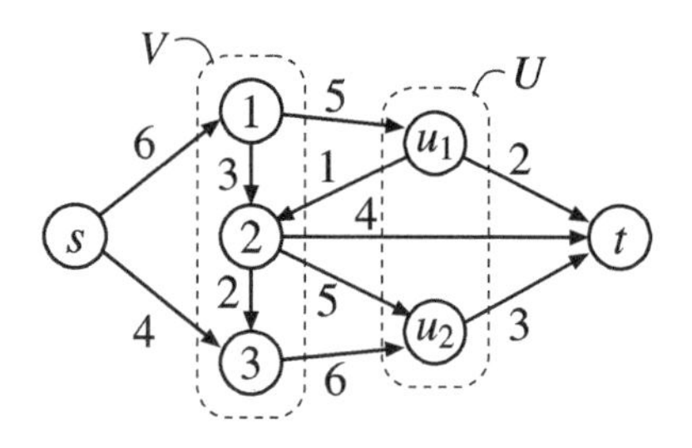

図 4.14 有向グラフ $\mathcal{G} = (\{s\} \cup \{t\} \cup V \cup U, \mathcal{E})$ と枝容量.

$$\gamma(S) = \min_{W \subseteq U} \kappa'(S \cup W) \qquad (\forall S \subseteq V) \tag{4.14}$$

U が空集合の場合，集合関数 $\gamma : 2^V \to \mathbb{R}$ は式 (4.1) で定義される s-t カット関数 κ と一致するため，$\gamma : 2^V \to \mathbb{R}$ は s-t カット関数の一般化であると捉えることができます．また，集合関数 $\gamma : 2^V \to \mathbb{R}$ は劣モジュラ関数となることが知られています *3.

図 4.14 の有向グラフにより決まる関数 $\gamma : 2^{\{1,2,3\}} \to \mathbb{R}$ の関数値を調べてみましょう．$S = \{1\}$ とすると，式 (4.14) より関数値 $\gamma(\{1\})$ は次式で表されます.

$$\gamma(\{1\}) = \min_{W \subseteq \{u_1, u_2\}} \kappa'(\{1\} \cup W)$$

$\kappa'(\{1\} \cup W)$ $(W \subseteq \{u_1, u_2\})$ の $2^2 = 4$ 通りの値をすべて調べると以下のようになります.

$$\begin{aligned}
\kappa'(\{1\} \cup \{\}) &= c_{(s,3)} + c_{(1,2)} + c_{(1,u_1)} = 12 \\
\kappa'(\{1\} \cup \{u_1\}) &= c_{(s,3)} + c_{(1,2)} + c_{(u_1,2)} + c_{(u_1,t)} = 10 \\
\kappa'(\{1\} \cup \{u_2\}) &= c_{(s,3)} + c_{(1,2)} + c_{(1,u_1)} + c_{(u_2,t)} = 15 \\
\kappa'(\{1\} \cup \{u_1, u_2\}) &= c_{(s,3)} + c_{(1,2)} + c_{(u_1,2)} + c_{(u_1,t)} + c_{(u_2,t)} = 13
\end{aligned}$$

よって，$\gamma(\{1\}) = \min\{12, 10, 15, 13\} = 10$ が得られます.

式 (4.14) で定義される一般化したグラフカット関数 $\gamma : 2^V \to \mathbb{R}$ によって，かなり広いクラスの劣モジュラ関数を扱うことができます．関数

*3 式 (4.14) で定義される集合関数 $\gamma : 2^V \to \mathbb{R}$ は，ジェゲルカ (Jegelka)，リン (Lin)，ビルメス (Bilmes) による 2011 年の論文でグラフ表現可能な劣モジュラ関数として導入されました [24].

$\gamma : 2^V \to \mathbb{R}$ の定義は，通常の s-t カット関数と比較してかなり複雑ですが，その最小化は最大流アルゴリズムを用いて効率的に行うことができることを見てみましょう．

4.3.2 一般化したグラフカット関数の最小化

関数 $\gamma : 2^V \to \mathbb{R}$ の最小化が，最大流アルゴリズムを用いて効率的に行えることを見てみましょう．γ の最小値について式変形をすると，

$$\begin{aligned}\min_{S\subseteq V} \gamma(S) = &\min_{S\subseteq V}\left(\min_{W\subseteq U} \kappa'(S\cup W)\right)\\ = &\min_{S'\subseteq V\cup U} \kappa'(S')\end{aligned}$$

が得られて，$\gamma : 2^V \to \mathbb{R}$ の最小化と関数 $\kappa' : 2^{V\cup U} \to \mathbb{R}$ の最小化が関連していることがわかります．関数 $\kappa' : 2^{V\cup U} \to \mathbb{R}$ の最小化は，アルゴリズム 4.2 により最大流アルゴリズムを用いて実行できます．κ' の最小化元 $S' \subseteq V \cup U$ について，$S = S' \cap V$ とおくと，$S \subseteq V$ は γ の最小化元であることがわかります．

以上の議論から，劣モジュラ関数である $\gamma : 2^V \to \mathbb{R}$ の最小化問題を解く方法はアルゴリズム 4.2 を少し変更して，以下のように記述できます．

アルゴリズム 4.5 グラフ表現可能な劣モジュラ関数の最小化アルゴリズム

1. $\mathcal{G} = (\{s\} \cup \{t\} \cup V \cup U, \mathcal{E})$ 上の最大流 $\boldsymbol{\xi}$ を求める．
2. 残余ネットワーク $\mathcal{G}^{\boldsymbol{\xi}}$ において，ソース s から有向パスによって到達可能な頂点集合 $\mathcal{V}_1$ について，$S = \mathcal{V}_1 \cap V$ を出力する．

アルゴリズム 4.5 の計算量は，アルゴリズム 4.2 の計算量における n を $n+k$ に置き換えればよいので，$O((n+k)m \log \frac{(n+k)^2}{m})$ や $O((n+k)m)$ などとなります．関数 $\gamma : 2^V \to \mathbb{R}$ の最小化問題も，かなり高速に解くことができることがわかります．

4.4 補足：プリフロー・プッシュ法*

本節では，有向グラフの s-t カット関数最小化のための最大流計算を行う方法として，プリフロー・プッシュ法について説明します．前述のように，最大流計算については，最近オルリンによる計算量 $O(nm)$ のアルゴリズムが提案されています．プリフロー・プッシュ法の場合，計算量は $O(nm\log\frac{n^2}{m})$ ではありますが，実用的には高速な実装が知られており，依然応用上重要なアルゴリズムです．また，この方法はパラメトリック最適化へも拡張できるため，次章においても重要な役割を果たします．

実行可能フローは「容量制約」と「流量保存制約」の両方を満たすようなフロー $\boldsymbol{\xi}=(\xi_e)_{e\in\mathcal{E}}$ であったことを思い出しましょう．プリフロー・プッシュ法では，実行可能フローのかわりに，流量保存制約を緩和して得られる**プリフロー**（**preflow**）と呼ばれるフローを考え，このプリフローが流量保存制約を徐々に満たしていくように反復的に更新し，最終的に実行可能フローを得ることで最大流を計算します．

アルゴリズムの手順を説明する前に，いくつか用語を定義します．まずフロー $\boldsymbol{\xi}$ が与えられたとき，各頂点 $i\in\mathcal{V}$ の**残存量**（**excess**）$a(i)$ を

$$a(i)=\sum_{e\in\delta_{\mathcal{G}}^{\mathrm{in}}(i)}\xi_e-\sum_{e\in\delta_{\mathcal{G}}^{\mathrm{out}}(i)}\xi_e$$

と定義します．定義からわかるように，$a(i)$ は頂点 i に入ってくるフローの総和から出ていくフローの総和を引いた値になっています．残存量 $a(i)$ が 0 であれば，頂点 i において流量保存制約を満たしていることにも注意してください．この残存量を用いて，プリフローは，容量制約を満たし，s，t 以外の頂点の残存量が非負であるようなフローとして定義されます．また，s，t 以外で，残存量が正である頂点を**活性頂点**（**active vertex**）と呼びます．グラフ $\mathcal{G}$ に活性頂点がなければ，それはすべての頂点で流量保存制約を満たしていることを意味するため，プリフローは実行可能フローになります．プリフロー $\boldsymbol{\xi}$ が与えられたとき，残余ネットワーク $\mathcal{G}^{\boldsymbol{\xi}}=(\mathcal{V},\mathcal{E}^{\boldsymbol{\xi}})$ と残余容量 $c_e^{\boldsymbol{\xi}}>0$ $(e\in\mathcal{E}^{\boldsymbol{\xi}})$ は，4.1 節の実行可能フローに関するものとまったく同じよ

うに定義することができます．

$\mathbb{Z}_{\geq 0}$ を 0 以上の整数全体の集合とします．プリフロー $\boldsymbol{\xi}$ に対し，各頂点 $i \in \mathcal{V}$ に非負整数を対応づけるような関数 $d\colon \mathcal{V} \to \mathbb{Z}_{\geq 0}$ について考えましょう．関数 $d\colon \mathcal{V} \to \mathbb{Z}_{\geq 0}$ が，残余ネットワーク $\mathcal{G}^{\boldsymbol{\xi}}$ の各枝 $e \in \mathcal{E}^{\boldsymbol{\xi}}$ で

$$d(\partial^+ e) \leq d(\partial^- e) + 1 \tag{4.15}$$

を満たし，かつ $d(s) = |\mathcal{V}| = n+2$ であるとき，d を**距離ラベル**（**distance label**）と呼びます．ただし，$\partial^+ e$ と $\partial^- e$ は各々，枝 e の始点と終点を表します．また，式 (4.15) を等号で満たす枝を**可能枝**（**admissible arc**）と呼びます．

距離ラベル d が与えられているものとして，距離ラベルと残余ネットワーク上の距離の関係を見てみましょう．残余ネットワーク $\mathcal{G}^{\boldsymbol{\xi}}$ 上で頂点 i から頂点 j へ有向パスによって到達可能であるとして，そのような i から j への有向パスの中で最小枝数のものの枝数を $D(i,j)$ とおきます．このとき，距離ラベルの定義式 (4.15) から

$$d(i) - d(j) \leq D(i,j)$$

が成り立ちます．つまり，$\mathcal{G}^{\boldsymbol{\xi}}$ 上で頂点 i からシンク t へ有向パスによって到達可能ならば，$d(i) - d(t)$ の値は i から t への（有向パスによる枝数に関する）最短距離の下限になっていることがわかります．同様に，頂点 i からソース s へ到達可能なとき，$d(i) - d(s)$ は i から s への（有向パスによる枝数に関する）最短距離の下限を与えています．また，もし仮に $\mathcal{G}^{\boldsymbol{\xi}}$ 上でソース s からシンク t への有向パスが存在するならば，グラフの頂点数が $n+2$ であることから $D(s,t) \leq |\mathcal{V}| - 1 = n - 1$ が成り立ちます．よって，距離ラベル d に関して

$$d(s) - d(t) \geq n + 2$$

が成り立てば，$\mathcal{G}^{\boldsymbol{\xi}}$ 上でソース s からシンク t への有向パスが存在しないことがわかります．

プリフロー・プッシュ法では，プリフロー $\boldsymbol{\xi}$ と距離ラベル d を保持して，活性頂点から出る可能枝に沿ってプリフローを更新する**プッシュ操作**（**push operation**）と，活性頂点から出る可能枝が $\mathcal{G}^{\boldsymbol{\xi}}$ に存在しない場合に距離ラベルの変更を行う**再ラベル操作**（**relabel operation**）を，活性頂点がなく

なるまで繰り返します．アルゴリズム 4.6 にこの手順を示します．

アルゴリズム 4.6 プリフロー・プッシュ法

0. 初期化：ソース s から出る枝 $e \in \delta_{\mathcal{G}}^{\mathrm{out}}(s)$ について $\xi_e = c_e$，その他の枝 $e \in \mathcal{E} \setminus \delta_{\mathcal{G}}^{\mathrm{out}}(s)$ について $\xi_e = 0$ としてプリフロー $\boldsymbol{\xi}$ を定める．距離ラベルは，$d(s) = |\mathcal{V}| = n + 2$ とし，ソース s 以外の頂点 $i \in \mathcal{V} \setminus \{s\}$ について $d(i) = 0$ とおく．
1. 活性頂点 i を選択する．活性頂点が存在しなければ $\boldsymbol{\xi}$ を最大流として出力してアルゴリズムを終了する．
2. i を始点とする可能枝 $e \in \mathcal{G}^{\boldsymbol{\xi}}$ を 1 つ選ぶ．そのような可能枝が存在しなければステップ 4 へ進む．
3. プッシュ操作：$e \in \mathcal{E}_{\mathrm{for}}^{\boldsymbol{\xi}}$ のとき，$\xi_e \leftarrow \xi_e + \min\{a(i), c_e^{\boldsymbol{\xi}}\}$ と更新してステップ 1 と戻る．また $e \in \mathcal{E}_{\mathrm{rev}}^{\boldsymbol{\xi}}$ のときは，e の逆向き枝 $e' \in \mathcal{E}$ について $\xi_{e'} \leftarrow \xi_{e'} - \min\{a(i), c_e^{\boldsymbol{\xi}}\}$ と更新してステップ 1 へ戻る．
4. 再ラベル操作：i の距離ラベル $d(i)$ を次式のように更新してステップ 1 へ戻る．

$$d(i) \leftarrow \min\{d(\partial^- e) \colon e \in \mathcal{E}^{\boldsymbol{\xi}},\, \partial^+ e = i\} + 1$$

プリフロー・プッシュ法はプッシュ操作と再ラベル操作を繰り返すためアルゴリズムの挙動は少し複雑になります．このため，**図 4.15** で与えられる小さい有向グラフ $\mathcal{G}$ に関する最大流問題にプリフロー・プッシュ法を適用することを考えましょう．

以下，プリフロー・プッシュ法の実行例を示します．プリフロー・プッシュ

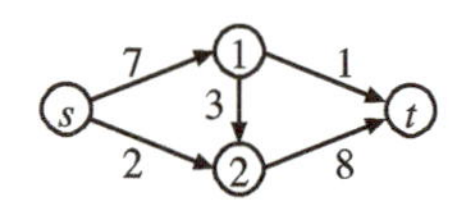

図 4.15 プリフロー・プッシュ法を適用する有向グラフとその枝容量．

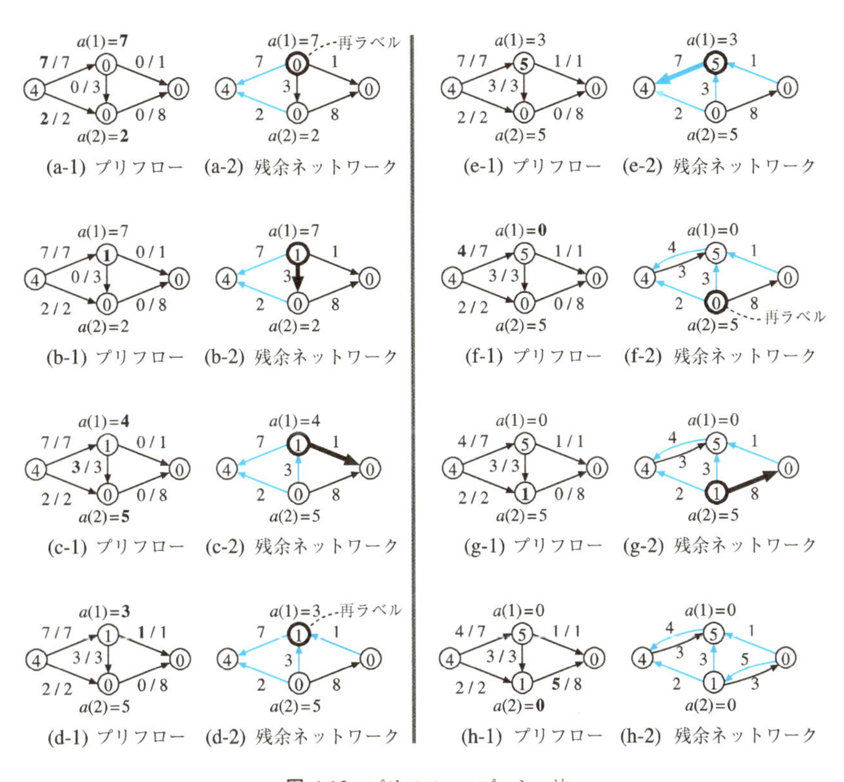

図 4.16 プリフロー・プッシュ法

法の実行の様子を示した図 4.16 では，アルゴリズムの各反復におけるプリフローとそれに対応する残余ネットワークを示しています．図 4.16 における各頂点上の数字は距離ラベルを表しています．

[初期化] ステップ 0 において，$\mathcal{G}$ で s から出る枝は $(s,1)$ と $(s,2)$ であるため，$\xi_{(s,1)} = 7$，$\xi_{(s,2)} = 2$ とおき，残りの枝 e については $\xi_e = 0$ とおく．距離ラベルはソース s のみ $d(s) = |\mathcal{V}| = 4$ とおき，その他の頂点では 0 とおく．（図 4.16 (a-1)）．

[反復 1] 残存量は $a(1) = 7$，$a(2) = 2$ であり，頂点 1 と頂点 2 はともに活性

頂点なので，ステップ1でたとえば活性頂点1を選ぶ．頂点1を始点とする可能枝は存在しないためステップ4の**再ラベル操作**を行う（**図 4.16** (a-2)）．残余ネットワークにおいて頂点1から出る枝の終点となる頂点は2とsとtなので，$\min\{d(2),\, d(s),\, d(t)\} + 1 = \min\{0,\, 4,\, 0\} + 1 = 1$より$d(1)$は0から1に更新される（**図 4.16** (b-1)）．

[反復 **2**] 残存量は$a(1) = 7$，$a(2) = 2$であり，頂点1と頂点2はともに活性頂点なので，ステップ1でたとえば活性頂点1を選ぶ．頂点1を始点とする可能枝は$(1,2)$と$(1,t)$の2つあるので，ステップ2で例えば可能枝$(1,2)$を選ぶ（**図 4.16** (b-2)）．ステップ3の**プッシュ操作**に進み，可能枝$(1,2) \in \mathcal{E}^{\boldsymbol{\xi}}_{\mathrm{for}}$に関してフローを更新する．$\xi_{(1,2)}$は0から$0 + \min\{a(1),\, c^{\boldsymbol{\xi}}_{(1,2)}\} = \min\{7,3\} = 3$に更新され，これに伴い$a(1)$は7から4に，$a(2)$は2から5にそれぞれ変化する（**図 4.16** (c-1)）．

[反復 **3**] 残存量は$a(1) = 4$，$a(2) = 5$であり，頂点1と頂点2はともに活性頂点なので，ステップ1でたとえば活性頂点1を選ぶ．頂点1を始点とする可能枝は$(1,t)$のみなので，ステップ2で$(1,t)$を選ぶ（**図 4.16** (c-2)）．ステップ3の**プッシュ操作**にすすみ，可能枝$(1,t) \in \mathcal{E}^{\boldsymbol{\xi}}_{\mathrm{for}}$に関してフローを更新する．$\xi_{(1,t)}$は0から$0 + \min\{a(1),\, c^{\boldsymbol{\xi}}_{(1,t)}\} = \min\{4,1\} = 1$に更新され，$a(1)$は4から3に変化する（**図 4.16** (d-1)）．

[反復 **4**] 残存量は$a(1) = 3$，$a(2) = 5$であり，頂点1と頂点2はともに活性頂点なので，ステップ1でたとえば活性頂点1を選ぶ．頂点1を始点とする可能枝は存在しないためステップ4の**再ラベル操作**を行う（**図 4.16** (d-2)）．残余ネットワークにおいて頂点1から出る枝の終点となる頂点はsのみなので，$\min\{d(s)\} + 1 = 4 + 1 = 5$より$d(1)$は1から5に更新される（**図 4.16** (e-1)）．

[反復 **5**] 残存量は$a(1) = 3$，$a(2) = 5$であり，頂点1と頂点2はともに活性頂点なので，ステップ1でたとえば活性頂点1を選ぶ．頂点1を始点とする可能枝は$(1,s)$のみなので，ステップ2で$(1,s)$を選ぶ（**図 4.16** (e-2)）．ステップ3の**プッシュ操作**に進み，可能枝$(1,s) \in \mathcal{E}^{\boldsymbol{\xi}}_{\mathrm{rev}}$に関してフローを更新する．$\xi_{(s,1)}$は7から$7 - \min\{a(1),\, c^{\boldsymbol{\xi}}_{(1,s)}\} = 7 - \min\{3,7\} = 4$に更新され，$a(1)$は3から0に変化する（**図 4.16** (f-1)）．

[**反復 6**] 残存量は $a(1) = 0$, $a(2) = 5$ であり，頂点 2 のみ活性頂点なので，ステップ 1 では活性頂点 2 を選ぶ．頂点 2 を始点とする可能枝は存在しないためステップ 4 の**再ラベル操作**を行う（図 4.16 (f-2)）．残余ネットワークにおいて頂点 2 から出る枝の終点となる頂点は 1 と s と t なので，$\min\{d(1), d(s), d(t)\} + 1 = \min\{5, 4, 0\} + 1 = 1$ より $d(2)$ は 0 から 1 に更新される（図 4.16 (g-1)）．

[**反復 7**] 残存量は $a(1) = 0$, $a(2) = 5$ であり，頂点 2 のみ活性頂点なので，ステップ 1 では活性頂点 2 を選ぶ．頂点 2 を始点とする可能枝は $(2, t)$ のみなので，ステップ 2 で $(2, t)$ を選ぶ（図 4.16 (g-2)）．ステップ 3 の**プッシュ操作**に進み，可能枝 $(2, t) \in \mathcal{E}^{\boldsymbol{\xi}}_{\rm for}$ に関してフローを更新する．$\xi_{(2,t)}$ は 0 から $0 + \min\{a(2), c^{\boldsymbol{\xi}}_{(2,t)}\} = \min\{5, 8\} = 5$ に更新され，これに伴い $a(2)$ は 5 から 0 に変化する（図 4.16 (h-1)）．

[**反復 8**] 残存量は $a(1) = 0$, $a(2) = 0$ であり活性頂点が存在しないので，$\boldsymbol{\xi}$ を最大流として出力してアルゴリズムを終了する（図 4.16 (h-1)）．

この実行例において最終的に活性頂点が存在しなくなるため，出力されるフロー $\boldsymbol{\xi}$ が実行可能フローであることがわかります．この $\boldsymbol{\xi}$ は図 4.16 (h-1) で表されるものであり，その流量は 6 です．また，図 4.16 (h-2) の残余ネットワークは増加パス（s から t への有向パス）をもたないことが確認できるので $\boldsymbol{\xi}$ が最大流であることもわかります．

プリフロー・プッシュ法の妥当性，つまりアルゴリズムが出力するフロー $\boldsymbol{\xi}$ がきちんと最大流になっていることについて説明します．まず，プリフロー・プッシュ法が出力するフロー $\boldsymbol{\xi}$ に関して活性頂点が存在しないことから実行可能フローであることがわかります．初期化のステップ 0 において定める d は距離ラベルになっていることは容易に確認でき，またアルゴリズム中の d の更新において式 (4.15) が保たれて d が常に距離ラベルとなることも証明できます．このためアルゴリズム終了時，d は距離ラベルになっており，特に $d(s) = n + 2$ と $d(t) = 0$ が成り立ちます．よって $d(s) - d(t) = n + 2$ となり，距離ラベルの性質から残余ネットワークは増加パスをもたないことがわかるため，プリフロー・プッシュ法の終了時に得られる $\boldsymbol{\xi}$ は最大流であることが保証されます．

続いてプリフロー・プッシュ法の計算量について議論しましょう．上記のプリフロー・プッシュ法を単純に実装した場合，その計算量は $O(n^2m)$ となることが証明できます．一方で，活性頂点の選び方を工夫することで，その計算量は大幅に改善することができることが知られています．たとえば，ステップ 2 で活性頂点を選択するとき，距離ラベルが最大のものを選択するようにすることで $O(n^2\sqrt{m})$ が得られます．また，動的木を用いることで $O(nm\log\frac{n^2}{m})$ 時間でプリフロー・プッシュ法が実現できることが知られています．計算量の詳しい解析については文献 [1] などを参照してください．

Chapter 5

劣モジュラ最適化を用いた構造正則化学習

構造正則化学習は，教師あり学習において，データ変数間の構造を利用するための枠組みです．本章では，構造正則化と劣モジュラ関数の関係と，この関係を用いた劣モジュラ最適化による構造正則化のためのアルゴリズムについて説明します．

機械学習の手法を適用したいデータが手元にあるとき，そのデータの各変数が互いにまったく無関係であることはまずないでしょう．たとえば画像データを扱うときは，モデル中の変数が画像中の画素に対応するでしょうから，画素の隣接構造が変数間の関係として存在しているといえます．また遺伝子データを扱うときは，各変数は遺伝子に対応するでしょうから，知られている遺伝子間相互作用などが存在します．学習においては，こういった関係を考慮することで精度の向上が可能になったり，解釈しやすいモデルが得られることが期待できます．

本章では，このようなデータ変数間の構造を用いた機械学習手法である構造正則化について説明します．このような構造は，いわば学習時における事前情報ですので，うまく利用することで問題の実質的な次元を減らし学習性能を向上させているともいえます．このため構造正則化はいわゆる疎性モデリングへのアプローチであるとも捉えられます．

近年では，構造正則化は，劣モジュラ最適化と密接な関係があることが指摘され注目されています．理論的な面白さだけではなく，実用的には，構造正則化学習が極めて高速に計算できるネットワークフローへと帰着できることも，この関係の重要な点です．

本章では，劣モジュラ関数による構造正則化について，定式化の導入と，劣モジュラ最適化を用いた計算，そしてネットワークフローによる高速な最適化アルゴリズムについて説明したいと思います [*1]．

5.1 正則化による疎性モデル推定

ここでは，正則化 (**regularization**) による疎性モデルの推定から話をはじめたいと思います．疎性モデル自体はそれだけで何冊か本が書ける程の広い話題になりますが，ここで説明する正則化によるアプローチはその代表的なものの 1 つで，成功裏に様々な領域へも適用されています．

5.1.1 ℓ_p ノルムによる正則化

まず，入力 $\boldsymbol{x} \in \mathcal{X}$ と出力 $y \in \mathcal{Y}$ の N 対から成るデータ $\mathcal{D} = \{(\boldsymbol{x}_i, y_i) : i = 1, \ldots, N\}$ が与えられているとします．出力変数 y の定義域 $\mathcal{Y}$ は，回帰であれば $\mathcal{Y} = \mathbb{R}$ でしょうし，分類であれば $\mathcal{Y} = \{-1, +1\}$ のようになります．また入力変数 $\boldsymbol{x}$ は，一般に実ベクトルであることが多いでしょう．このような設定は分類や回帰などで共通するものですが，入力と出力の対から成るデータを用いた学習のことを，**教師あり学習** (**supervised learning**) と呼びます．一般に教師あり学習では，各々の学習タスクに応じて損失関数 $l\colon \mathbb{R}^d \to \mathbb{R}$ を与え，データに関する損失関数の最小化問題として定式化を行います (このような方法は**経験損失最小化** (**empirical risk minimization**) と呼ばれます)．ただし，$d > 0$ は推定されるモデルのパラメータ $\boldsymbol{w}$ の次元です．たとえば，最小 2 乗回帰であれば $l(\boldsymbol{w})$ として 2 乗誤差関数

$$l(\boldsymbol{w}) = \frac{1}{N} \sum_{i=1}^{N} \left\| y_i - \boldsymbol{x}_i^\top \boldsymbol{w} \right\|_2^2$$

が用いられますし，代表的な分類器であるロジスティック回帰であればクロスエントロピー誤差関数

*1 本章で説明する内容に関連して，背景や周辺については文献 [2, 25] も参考にしてください．

$$l(\boldsymbol{w}) = -\sum_{i=1}^{N} \left\{ y_i \ln \sigma(\boldsymbol{x}_i^\top \boldsymbol{w}) + (1 - y_i) \ln(1 - \sigma(\boldsymbol{x}_i^\top \boldsymbol{w})) \right\}$$

が用いられます．ただし，$\sigma(a)$ はロジスティック・シグモイド関数と呼ばれ，$\sigma(a) = 1/(1+\exp(-a))$ $(a \in \mathbb{R})$ と定義されます．

しかし一般に，与えられたデータ $\mathcal{D}$ に対して損失関数 $l(\boldsymbol{w})$ を小さくするのみでは，いわゆる**過学習**（**overfitting**）が生じてしまい，汎化性能をもたない実用的でないモデルしか得られません．つまり，モデルを複雑にすればいくらでもデータ $\mathcal{D}$ に対する誤差は小さくできるので，データ中のランダムな雑音までも完全に拾ってしまったモデルが得られてしまい，新しいデータに対して適用してもよい予測性能が得られなくなってしまいます．これを回避する代表的な手段の 1 つとして，正則化が有効であることが知られています．正則化は，損失関数に加えて，パラメータ $\boldsymbol{w}$ が大きくなること（いい換えると，モデルが複雑になること）に対する罰則項（正則化項とも呼ばれる）$\Omega(\boldsymbol{w})$ を加えて，これらを同時に最小化します．

$$\begin{aligned} &\text{目的：} \quad l(\boldsymbol{w}) + \lambda \cdot \Omega(\boldsymbol{w}) \longrightarrow \text{最小} \\ &\text{制約：} \quad \boldsymbol{w} \in \mathbb{R}^d \end{aligned} \tag{5.1}$$

ただし $\lambda\,(>0)$ は，損失項と罰則項のバランスを調整するパラメータで，**正則化パラメータ**（**regularization parameter**）と呼ばれます．罰則項 $\Omega(\boldsymbol{w})$ としては，パラメータが縮退する（値を小さくしようとする）効果が現れるノルムがよく用いられます[*2]．特に，$\boldsymbol{\ell_p}$ **ノルム**（$\boldsymbol{\ell_p}$**-norm**）$(p \geq 1)$

$$\|\boldsymbol{w}\|_p := \left(\sum_{i=1}^{d} |w_i|^p \right)^{1/p} = \sqrt[p]{|w_1|^p + \cdots + |w_d|^p}$$

が一般的によく用いられます．ノルムはベクトルに関する距離でしたので，直感的には，原点（$\boldsymbol{w}$ の成分がすべて 0 の点）から離れれば離れるほど値が大きくなる，つまり罰則が強くなるために，パラメータが原点へと縮退する

*2 ノルムは，ベクトルに対して距離を与えるための数学的道具でした．任意の実数 $a \in \mathbb{R}$ と，任意のベクトルの組 $\boldsymbol{u}, \boldsymbol{v} \in \mathbb{R}^d$ に対して，

1. $\|\boldsymbol{v}\| = 0$ なら，$\boldsymbol{v}$ はゼロベクトル（独立性）
2. $\|a\boldsymbol{v}\| = |a|\|\boldsymbol{v}\|$（斉次性（**homogeneity**））
3. $\|\boldsymbol{u} + \boldsymbol{v}\| \leq \|\boldsymbol{u}\| + \|\boldsymbol{v}\|$（劣加法性（**subadditivity**））

を満たすような関数 $\|\bullet\| : \mathbb{R}^d \to \mathbb{R}$ を，$\mathbb{R}^d$ におけるノルムと呼びます．

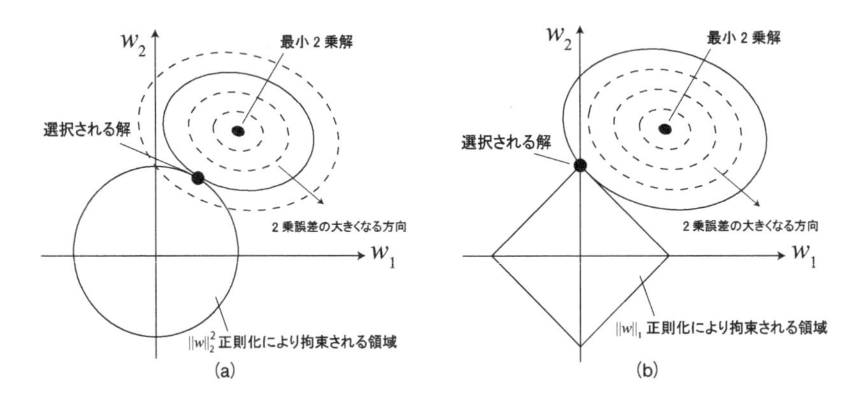

図 5.1 式 (5.2) に基づく，ℓ_2 ノルムを用いた正則化 (a) と，ℓ_1 ノルムを用いた正則化 (b) による縮退・疎性効果の概念図．ℓ_2 ノルムによる正則化は縮退の効果のみである一方，ℓ_1 ノルムによる正則化は解の縮退が得られるだけでなく疎な解も得られやすくなる．

効果が得られるというわけです．

正則化の効果を，式 (5.1) から少し見方を変えて考えてみましょう．上述のように，式 (5.1) 中の正則化パラメータ λ は，損失関数と罰則項とのバランスを調整するパラメータでした．λ が大きくなると罰則項の重みが大きくなり正則化の効果が比較的増大される一方，逆に小さくなれば損失関数を重視したパラメータ $\boldsymbol{w}$ が推定されます．この λ の性質をいい換えると，λ を調整することで，損失関数を最小化するときの（罰則項で表される $\boldsymbol{w}$ の探索範囲に関する）制約の強さが決まると考えることができます．つまり，λ と逆単調的に対応する別のパラメータ k を与えられるとすると，問題 (5.1) を解くことと，問題

$$
\begin{aligned}
\text{目的：}\quad & l(\boldsymbol{w}) \longrightarrow \text{最小} \\
\text{制約：}\quad & \boldsymbol{w} \in \mathbb{R}^d,\ \Omega(\boldsymbol{w}) \leq k
\end{aligned}
\tag{5.2}
$$

を解くことは，同じ目的であることがわかります．λ を大きくとることと，k を小さくとることが対応します．したがって，たとえば $\Omega(\boldsymbol{w})$ として ℓ_2 ノルム（の 2 乗）を用いると，図 5.1(a) のように，$\|\boldsymbol{w}\|_2^2 \leq k$ を満たす球の外周と内部で，最も損失関数を小さくするパラメータ $\boldsymbol{w}$ を求めることになります．このため，正則化として ℓ_2 ノルムを用いると縮退の効果が得られる

というカラクリです．

同様の解釈を用いると，正則化による別の性質についても理解が深まります．ℓ_2 ノルムのかわりに，ℓ_1 ノルムを罰則項 $\Omega(\boldsymbol{w})$ として使うことを考えてみます．このとき式 (5.2) の定式化に基づけば，今度は図 5.1(b) のように，$\|\boldsymbol{w}\|_1 \leq k$ を満たす d 次元の正多面体の外周と内部で，最も損失関数を小さくするパラメータ $\boldsymbol{w}$ を求めることになります．したがってこの実行可能領域の形から，図 5.1(b) のように，解が軸の上にのりやすくなります．いい換えると，解の多くの成分で値が 0 となりやすいということがわかります．このように，ℓ_1 ノルムを罰則項として用いることで，疎な解（多くの成分の値が 0 である解）が得られやすくなります．統計分野や機械学習分野では，このような ℓ_1 ノルムによる正則化を用いた学習のことを**ラッソ**（**Lasso**）とも呼びます（通常は回帰学習の場合を指すことが多いです）．疎な解では，不必要な成分が（いわば自動的に）除かれているため，様々な場面で用いられる際には解釈のしやすいモデルであるといえるでしょう．

5.1.2 双対ノルムとフェンシェル共役*

正則化による疎性モデルの推定の詳細な理論的背景はほかの専門書（本シリーズの [53] など）に譲りますが，ここでは，本書の以降の内容で必要となる範囲で説明します．

まず疎性推定のための正則化を考えるうえで大事な 1 つ目の概念は，**双対ノルム**（**dual norm**）です．双対ノルムは，ノルムを用いた正則化において，いろいろな場面で最適性を議論する際に有用です．ノルム Ω の双対ノルム Ω^* は，任意の $\boldsymbol{z} \in \mathbb{R}^d$ について，次式のように定義されます．

$$\Omega^*(\boldsymbol{z}) := \sup_{\Omega(\boldsymbol{w}) \leq 1} \boldsymbol{z}^\top \boldsymbol{w} \tag{5.3}$$

双対ノルム Ω^* の双対ノルムは，もとのノルム Ω です．よく知られる例としては，ℓ_p ノルム（$p \in [1, +\infty]$）の双対ノルムは，$(1/p) + (1/p') = 1$ となる p' を用いて $\ell_{p'}$ ノルムです．したがって，ℓ_1 ノルムと ℓ_∞ ノルムは互いに双対ですし，ℓ_2 ノルムは自身が双対ノルムです．

もう 1 つの重要な概念として，**フェンシェル共役**（**Fenchel conjugate**）についても触れておきます．フェンシェル共役は，双対問題を議論するための主要な概念で，収束性の規準を設計する際などに用いられます．任意の連続関数 $h\colon \mathbb{R}^d \to \mathbb{R}$ について，フェンシェル共役 $h^*\colon \mathbb{R}^d \to \mathbb{R}$ は次式で定義されます．

$$h^*(\boldsymbol{z}) := \sup_{\boldsymbol{w}\in\mathbb{R}^d}\left(\boldsymbol{z}^\top \boldsymbol{w} - h(\boldsymbol{w})\right)$$

本章においては，次の命題で述べられる関係を用います．本命題は，本章の内容に限らず，正則化を考える際に頻繁に現れるものでもあります．

命題 5.1

Ω を $\mathbb{R}^d$ におけるノルムとする．このとき，任意の $\boldsymbol{z} \in \mathbb{R}^d$ について次式が成り立つ．

$$\sup_{\boldsymbol{w}\in\mathbb{R}^d}\left(\boldsymbol{z}^\top \boldsymbol{w} - \Omega(\boldsymbol{w})\right) = \begin{cases} 0 & \Omega^*(\boldsymbol{z}) \leq 1 \text{ の場合} \\ +\infty & \text{それ以外の場合} \end{cases}$$

命題5.1の証明は文献 [2] などを参考にしてください．上式の左辺は，$\Omega(\boldsymbol{w})$ のフェンシェル共役そのものであることに注意してください．

5.2 劣モジュラ関数から得られる構造的疎性

前節で説明した ℓ_p ノルムによる正則化は，この形からわかるように，各変数 $w_1, \ldots, w_d$ について一様な扱いをする形になっています．しかし，この一様性は正則化においては必須ではありません．ここでは，正則化を拡張し，データの変数間にある関係を明示的に利用する方法である**構造正則化** (**structured regularization**) へと話を進めます．本節で見るように，構造正則化は，劣モジュラ関数と深い関係があります．

正則化により得られる疎性には，大きく2つのタイプが存在します．まず1つは，上述の ℓ_1 正則化のように，多くのパラメータを縮退させて0の値をとるという形の疎性です．ℓ_1 正則化では疎性が促される単位は各変数でしたが，後に見るように，これを拡張させて，事前に与えた変数上のグループ単位で考えることもできます．そしてもう1つのタイプは，性質の近い複数のパラメータが，同じ値をとりやすいような疎性です．本書では，前者のタイ

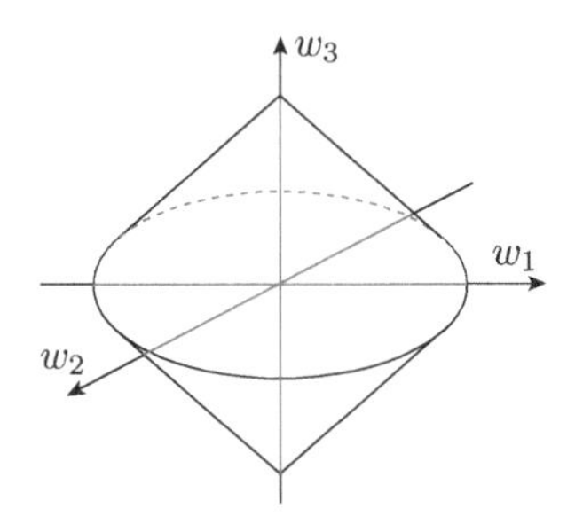

図 5.2 $\Omega(\boldsymbol{w}) = \sqrt{w_1^2 + w_2^2} + |w_3|$ に対応する単位球.

プをグループ型の正則化，そして後者のタイプを結合型の正則化と呼ぶことにします．いずれの場合でも，実質的に推定する必要のあるパラメータの数が減るため，データの次元に比べて問題の本質的な次元が小さい場合などに非常に有用な手段となります．ここでは，劣モジュラ関数から得られるこの2つのタイプの正則化について，順に説明していきたいと思います．

5.2.1 グループ型の正則化

グループ型の正則化について，まずパラメータが3次元 $\boldsymbol{w} = (w_1, w_2, w_3)^\top$ の場合を使って説明をはじめます．この3つのパラメータのうち，w_1 と w_2 がグループになっていて，w_3 はそうではないとします．そして，グループ内では ℓ_2 正則化のように縮退のみ，そしてグループ間では ℓ_1 正則化のように疎性と縮退の効果をもたせたいとします．これを直接的に，罰則 $\Omega(\boldsymbol{w})$ として記述してみると，

$$\Omega(\boldsymbol{w}) = \sqrt{w_1^2 + w_2^2} + |w_3|$$

のようになることがわかります．w_1 と w_2 の部分だけを見ると ℓ_2 ノルムと同じで，またこの部分と w_3 を見ると，(w_1, w_2) の ℓ_2 ノルムは常に非負ですので ℓ_1 ノルムの形になっているという訳です．これを罰則項として用いることで，w_1 と w_2 は，値が0となるときは同時に0になりやすくなります．

この正則化を一般化したものは，**重複なし $\boldsymbol{\ell_1/\ell_p}$ グループ正則化**（**non-overlapping $\boldsymbol{\ell_1/\ell_p}$-group regularization**）と呼ばれます．上述の w_1 と w_2 のように，変数 $w_1, \ldots, w_d$ を同時に0になりやすいグループに分割して得られる $\{1, \ldots, d\}$ の部分集合の集まりを G とすると（上の例では

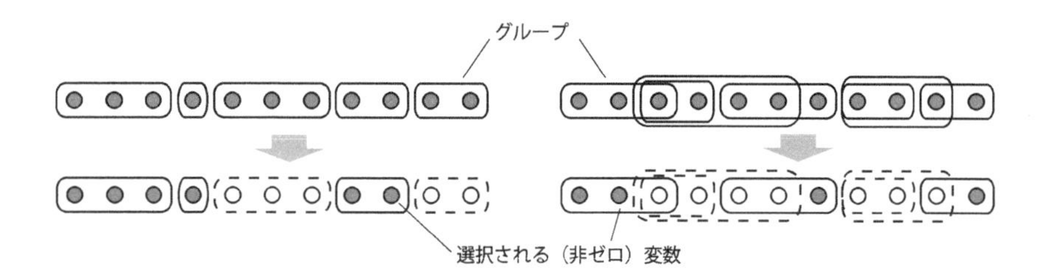

図 5.3　重複なし（左）／重複あり（右）ℓ_1/ℓ_p グループ正則化により得られる疎性のイメージ図．各々の正則化により，それぞれ下図のように，グループ内の変数は同時に非選択変数（値が 0 として推定される変数．図中白丸）となりやすい．

$G = \{\{1,2\}, \{3\}\}$ となります），その罰則項は次式のように表すことができます．

$$\Omega(\boldsymbol{w}) = \sum_{g \in G} d_g \|\boldsymbol{w}_g\|_p \tag{5.4}$$

より一般的に，ℓ_p ノルムを用いた表現にしてあります．ここで $\boldsymbol{w}_g$ は $\boldsymbol{w}$ をグループ g（$\in G$）に含まれる成分に限定して得られる部分ベクトルであり，$d_g > 0$ はグループ g の重みです．d_g の値が大きいほど，そのグループに含まれる変数は同時に 0 へ縮退しやすくなります．必要ない場合は，すべて $d_g = 1$ としてしまって問題ありません．上で「重複なし」と書いたのは，グループ内に入る変数に重複がないことを明示するためです．当然これにあてはまらないグループの集合 G を用いた場合は，**重複あり ℓ_1/ℓ_p グループ正則化**（**overlapping ℓ_1/ℓ_p-group regularization**）と呼ばれます．なお，「重複なし」と「重複あり」の場合とも形は式 (5.4) で共通ですが，これらを用いた正則化問題の最適化計算は，根本的に難しさが異なります（「重複あり」は変数の重なりで構造が複雑になるため難しい）．**図 5.3** に，重複なし／重複あり ℓ_1/ℓ_p グループ正則化により得られる疎性のイメージ図を示します．

劣モジュラ関数から得られるグループ型正則化項

それでは，グループ正則化項 (5.4) と劣モジュラ関数との関係について見ていきましょう．有限集合として $V := \{1, \ldots, d\}$ を定義します．$\boldsymbol{w} \in \mathbb{R}^d$

に対し，$\mathrm{supp}(\boldsymbol{w}) = \{i \in V : w_i \neq 0\}$ をサポート集合と呼びます．集合関数 $f\colon 2^V \to \mathbb{R}$ を劣モジュラとは限らない単調な関数とし，非ゼロ変数の集合分のコストを $f(\mathrm{supp}(\boldsymbol{w}))$ とします．$p \in (1, +\infty)$ として，$\boldsymbol{w}$ の ℓ_p ノルム分のコストとサポート集合に関するコストの両方を考慮して，次式の関数 $g : \mathbb{R}^d \to \mathbb{R}$ を考えます．

$$g(\boldsymbol{w}) = \frac{1}{p}\|\boldsymbol{w}\|_p^p + \frac{1}{r} f(\mathrm{supp}(\boldsymbol{w})) \tag{5.5}$$

ただし，r は $(1/p) + (1/r) = 1$ となる正の実数，または正の無限大です．p を正の無限大へ近づけると，この関数は $f(\mathrm{supp}(\boldsymbol{w}))$ へと収束する点に注意してください．このとき，次の命題が得られます．

命題 5.2

関数 $f\colon 2^V \to \mathbb{R}$ を，すべての $i \in V$ に対して $f(\{i\}) > 0$ を満たすような，単調な集合関数とする．このとき，式 (5.5) で定義される関数 g の凸かつ斉次な下界となる関数でタイトなものを考えるとそれはノルムとなり，そのノルムを $\tilde{\Omega}_{f,p}$ としたとき，$\tilde{\Omega}_{f,p}$ の双対ノルムは任意の $\boldsymbol{s} \in \mathbb{R}^d$ に対して次式で与えられる．

$$\tilde{\Omega}^*_{f,p}(\boldsymbol{s}) = \sup_{S \subseteq V, S \neq \{\}} \frac{\|\boldsymbol{s}_S\|_r}{f(S)^{1/r}} \tag{5.6}$$

ただし，$\boldsymbol{s}_S = (s_i)_{i \in S}$ とする．

命題 5.2 の証明.*

まず，式 (5.6) で定義される $\tilde{\Omega}^*_{f,p}(\boldsymbol{s})$ がノルムであることから確認します．

仮定から，すべての $i \in V$ について $f(\{i\}) > 0$ ですので，値が無限大に大きくなることはありません（つまり有界）．$\tilde{\Omega}^*_{f,p}(\boldsymbol{s}) = 0$ のとき，$\|\boldsymbol{s}_V\|_r = 0$ となるので $\boldsymbol{s}$ はゼロベクトルとなることから独立性は明らかです．また斉次性や劣加法性も，定義の形から明らかでしょう．よって $\tilde{\Omega}^*_{f,p}(\boldsymbol{s})$ はノルムであることがわかります．

次に，関数 g の凸かつ斉次な下界関数でタイトなものを考えます．このために，まず (1) 関数 g を斉次化したもの，つまり $h(\boldsymbol{w}) := \inf_{\lambda > 0} \frac{g(\lambda \boldsymbol{w})}{\lambda}$ を考え，そして (2) 関数 h のフェンシェル共役を考えます．まず (1) について，

今回のケースに当てはめてみると，

$$h(\boldsymbol{w}) = \inf_{\lambda>0}\left(\frac{1}{p}\|\boldsymbol{w}\|_p^p\lambda^{p-1} + \frac{1}{r}f(\mathrm{supp}(\boldsymbol{w}))\lambda^{-1}\right)$$

が得られます．上式内で λ に関して最小化される目的関数は凸ですので，λ に関する微分を 0 とすることで最小化が行えます．つまり，

$$\frac{1}{p}\|\boldsymbol{w}\|_p^p(p-1)\lambda^{p-2} - \frac{1}{r}f(\mathrm{supp}(\boldsymbol{w}))\lambda^{-2} = 0$$

を解くことで計算できます．この方程式の解は，$\lambda = \left(\frac{\frac{1}{r}f(\mathrm{supp}(\boldsymbol{w}))}{\frac{1}{p}\|\boldsymbol{w}\|_p^p(p-1)}\right)^{1/p}$ となり，最小値としては次式が得られます．

$$h(\boldsymbol{w}) = \|\boldsymbol{w}\|_p f(\mathrm{supp}(\boldsymbol{w}))^{1/r} \tag{5.7}$$

次に，$h(\boldsymbol{w})$ の共役は，任意の $\boldsymbol{s} \in \mathbb{R}^d$ について次のように与えられます．

$$\begin{aligned}
h^*(\boldsymbol{s}) &= \sup_{\boldsymbol{w}\in\mathbb{R}^d}\left(\boldsymbol{s}^\top\boldsymbol{w} - \|\boldsymbol{w}\|_p f(\mathrm{supp}(\boldsymbol{w}))^{1/r}\right)\\
&= \max_{S\subseteq V}\sup_{\substack{\boldsymbol{w}\in\mathbb{R}^d\\ \mathrm{supp}(\boldsymbol{w})=S}}\left(\boldsymbol{s}^\top\boldsymbol{w} - \|\boldsymbol{w}\|_p f(S)^{1/r}\right)\\
&= \max_{S\subseteq V}\begin{cases} 0 & \|\boldsymbol{s}_S\|_r^r \le f(S)\ \text{の場合}\\ +\infty & \text{それ以外の場合}\end{cases}\\
&= \begin{cases} 0 & \sup_{S\subseteq V, S\neq\{\}}\frac{\|\boldsymbol{s}_S\|_r}{f(S)^{1/r}} \le 1\ \text{の場合}\\ +\infty & \text{それ以外の場合}\end{cases}
\end{aligned}$$

つまり，$\tilde{\Omega}^*_{f,p}(\boldsymbol{s}) \le 1$ であれば $h^*(\boldsymbol{s}) = 0$，そしてそれ以外は $h^*(\boldsymbol{s}) = +\infty$ のようになります．したがって h のフェンシェル共役は，ノルム $\tilde{\Omega}^*_{f,p}$ の単位球に関する指標関数となっていることがわかります．これはつまり，命題 5.1 で見たように，h が，$\tilde{\Omega}^*_{f,p}$ を双対ノルムとするノルムであることを意味しています．したがって結局 $h(\boldsymbol{w}) = \tilde{\Omega}_{f,p}(\boldsymbol{w})$ なので，$\tilde{\Omega}_{f,p}(\boldsymbol{w})$ はノルムであることがわかります． □

ここまでは，集合関数 f について単調性のみを仮定しており，f は劣モジュラ関数でなくても成立する点にも注意してください．命題 5.2 から，双対ノルムの定義式 (5.3) を用いて，f が正規化された単調な劣モジュラ関数

であれば $\tilde{\Omega}_{f,p}$ は次のように得られることがわかります．

$$
\begin{aligned}
\tilde{\Omega}_{f,p}(\boldsymbol{w}) &= \sup_{\boldsymbol{s}\in\mathbb{R}^d} \left\{\boldsymbol{w}^\top \boldsymbol{s} \colon \forall S \subseteq V,\ \|\boldsymbol{s}_S\|_r^r \le f(S)\right\} \\
&= \sup_{\boldsymbol{s}\in\mathbb{R}^d_{\ge 0}} \left\{|\boldsymbol{w}|^\top \boldsymbol{s} \colon \forall S \subseteq V,\ \|\boldsymbol{s}_S\|_r^r \le f(S)\right\} \\
&= \sup_{\boldsymbol{t}\in\mathbb{R}^d_{\ge 0}} \left\{\sum_{i\in V} |w_i| t_i^{1/r} \colon \forall S \subseteq V,\ t(S) \le f(S)\right\} \\
&= \sup_{\boldsymbol{t}\in \mathrm{P}_+(f)} \sum_{i\in V} |w_i| t_i^{1/r} \qquad (5.8)
\end{aligned}
$$

ただし，2 行目の $|\boldsymbol{w}|$ は $\boldsymbol{w}$ の各成分について絶対値をとることで得られる d 次元ベクトルを表します．1 行目は式 (5.6) と双対ノルムの定義から得られ，また 2 行目から 3 行目に関しては $t_i = s_i^r$ $(i = 1, \ldots, d)$ と変数変換しています．4 行目の $\mathrm{P}_+(f)$ は，劣モジュラ関数 f の劣モジュラ多面体 $\mathrm{P}(f)$ の非負の領域部分を表します．

$$
\mathrm{P}_+(f) = \{\boldsymbol{x} \in \mathbb{R}^d_{\ge 0} : \boldsymbol{x}(S) \le f(S)\ (\forall S \subseteq V)\}
$$

f が単調な劣モジュラ関数であることから，基多面体 $\mathrm{B}(f)$ は $\mathrm{P}_+(f)$ に含まれる点に注意しましょう．$r = 1$ とすると（このとき $p = +\infty$），上式の最終行 (5.8) から，$\tilde{\Omega}_{f,p}(\boldsymbol{w})$ はロヴァース拡張の定義 (2.38) そのものであることがわかります．ただし f が単調性をもたなければ，命題 5.2 で述べたようなノルムとしての性質は必ずしも得られない点には注意してください．

ℓ_p 正則化や ℓ_1/ℓ_p 正則化との関係

ここでは，ノルム $\tilde{\Omega}_{f,p}(\boldsymbol{w})$ と，ℓ_p 正則化や ℓ_1/ℓ_p グループ正則化の関係について見ていきましょう．

まず，単調な劣モジュラ関数として，$f(S) = \min\{|S|, 1\}$ としてみます．この場合，定義式 (5.6) の最大化の目的関数の分母は必ず 1 となりますので，

$$
\tilde{\Omega}^*_{f,p}(\boldsymbol{s}) = \sup_{S\subseteq V, S\neq\{\}} \|\boldsymbol{s}_S\|_r = \|\boldsymbol{s}_V\|_r = \|\boldsymbol{s}\|_r
$$

であることがわかります．よく知られているように，$(1/p) + (1/r) = 1$ のとき，ℓ_p ノルムの双対ノルムは ℓ_r ノルムとなるので，この場合ノルム

$\tilde{\Omega}_{f,p}(\boldsymbol{w})$ は ℓ_p ノルムそのものであることがわかります．ノルム $\tilde{\Omega}_{f,p}(\boldsymbol{w})$ は $p>1$ について定義されていましたが，よく知られているように，ℓ_p ノルムは $p>1$ において疎性を与えません．これは，ℓ_p ノルムを与える集合関数 $f(S)=\min\{|S|,1\}$ が，非空集合に対して常に定数であることからも理解できます．

次に，グループ集合 G が与えられたときに，単調な劣モジュラ関数として

$$f(S)=\sum_{g\in G}\min\{|S\cap g|,1\} \tag{5.9}$$

を考えてみましょう．この集合関数は，S と g に重なりがあると $|S\cap g|\geq 1$ となることから，任意の部分集合 $S\subseteq V$ と，要素との重なりをもつグループの数を与えることがわかります．G が V の分割である場合（重複なしグループの場合），この関数 (5.9) を定義に代入すると，（重複なし）ℓ_1/ℓ_p グループ正則化項 (5.4) が得られます．一方で G が分割ではない場合，$\tilde{\Omega}_{f,p}(\boldsymbol{w})$ は（重複あり）ℓ_1/ℓ_p グループ正則化項とは等しくなりません．ただし例外的に $p=\infty$ の場合には，重複がある場合でも，$\tilde{\Omega}_{f,\infty}$ は ℓ_1/ℓ_∞ グループ正則化と等しくなることが知られています．$1<p<+\infty$ の場合，$\tilde{\Omega}_{f,p}$ を一般に閉じた形で計算するのは困難ですが，（重複あり）ℓ_1/ℓ_p グループ正則化と同様の疎性効果をもつことが知られています[2, 25, 42]．ただし，式 (5.9) を直接用いるとグループの和集合単位で 0 になりやすい傾向をもつため，実用的には $f(S)=\sum_{g\in G}\min\{|S\cap g|,a\}$ $(a\geq 1)$ のように用いる必要があります．

なお図 5.4 は，$f(S)=\sum_{g\in G}\min\{|S\cap g|,a\}$ により得られるグループ正則化の数値例です $(a=2)$．ランダムに生成したベクトル $\boldsymbol{u}\in\mathbb{R}^d$ に対して，次の最適化問題を解いて得られた解 $\boldsymbol{w}^*$ とともに示しています．変数の数 d は 49 とし，グループは，$G=\{\{1,2,3\},\{2,\ldots,6\},\cdots,\{3j-4,\ldots,3j\},\cdots,\{44,\ldots,48\},\{47,48,49\}\}$ のように設定しています[*3]．

$$\begin{aligned}&\text{目的：}\quad \|\boldsymbol{u}-\boldsymbol{w}\|^2+\lambda_1\|\boldsymbol{w}\|_1+\lambda_2\Omega_{f,2}(\boldsymbol{w})\longrightarrow \text{最小}\\&\text{制約：}\quad \boldsymbol{w}\in\mathbb{R}^d\end{aligned}$$

*3 図の例では，$\lambda_1=0.5,\lambda_2=0.3$ としています．

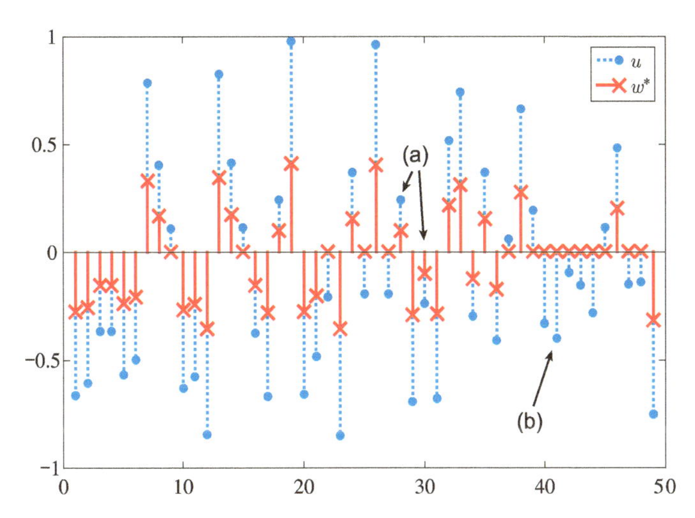

図 5.4　$f(S)=\sum_{g\in G}\min\{|S\cap g|,2\}$ により得られるグループ正則化を用いた数値例．グループは，$G=\{\{1,2,3\},\{2,\ldots,6\},\cdots,\{3j-4,\ldots,3j\},\cdots,\{47,48,49\}\}$ のように設定．横軸は各成分の添え字，縦軸は $\boldsymbol{u}$ や $\boldsymbol{w}^*$ の各成分の値．

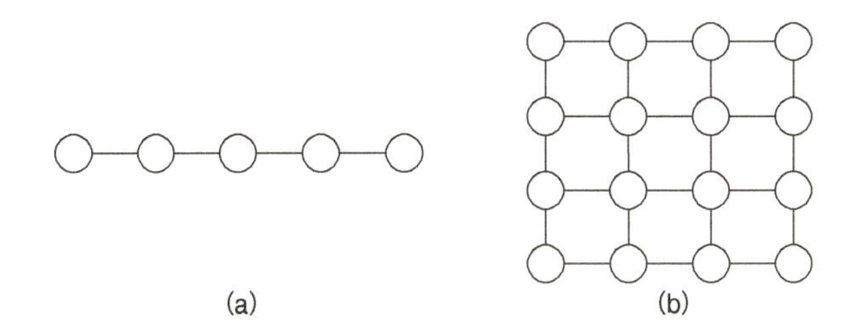

図 5.5　鎖状グラフ (左) と格子状グラフ (右).

たとえば，図中の (a) と (b) の部分を比べてみると，縮退の度合いが逆転していることがわかります．これは，(a) の付近に比べて，(b) の付近に値の小さい成分が多く，グループ正則化の効果で (b) の方が 0 に縮退しやすくなっているためです．

5.2.2 結合型の正則化

結合型の正則化は，類似した変数の値が同じになるような疎性を与えるよ

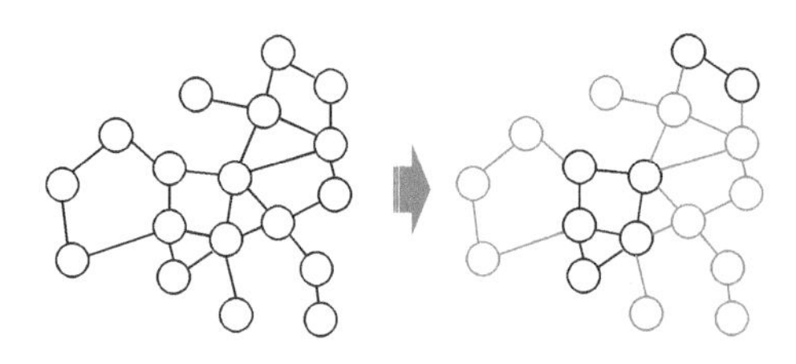

図 5.6 （一般化）結合正則化の概念図．結合正則化は，ℓ_1 正則化のような疎性に加えて，グラフ上で隣接する変数の値を等しくする効果ももつため，隣接した変数が非ゼロ要素となりやすいような効果がある．

うな正則化でした．一般には，その類似性を，変数上に定義された無向グラフを与えて表現します．たとえば，順序があるような変数において類似した値が続く傾向が高いと分かっていれば，単純に 1 本の鎖のような形のグラフが与えられます（**図 5.5**(a)）．また画像中の画素に対応するような変数を扱うときには，2 次元格子状のグラフを与えるのが有用な場合も多いでしょう（**図 5.5**(b)）．

このように，値を近くしたい変数のペアは隣接するような無向グラフを，$\mathcal{G} = (\mathcal{V}, \mathcal{E})$ と表すことにします．このとき，結合正則化項は次式のように定義されます．

$$\Omega_{\mathrm{fl}}(\boldsymbol{w}) = \sum_{(i,j)\in\mathcal{E}} d_{ij}|w_i - w_j| \tag{5.10}$$

$d_{ij} > 0$ は各ペア (i, j) に対する重みです．この式からもわかるように，隣接する変数の値が同じであれば 0，そして値が離れれば離れるほど罰則が大きくなるような形をしています．さらにその差の評価に関しては ℓ_1 ノルムが用いられていますので，ラッソのときのように，0 をとる組が得られやすいようになっています（**図 5.6** を参照）．このような正則化を行う一連の教師あり学習のことを，**一般化結合ラッソ**（**generalized fused Lasso**）と呼んだりします．またその中で特に，$\mathcal{G}$ が鎖状グラフの場合は**結合ラッソ**（**fused Lasso**）と呼ばれます．

一般化結合正則化は，その特性から，しばしば画像データを用いた学習において用いられます．実際，一般化結合正則化は，画像処理分野で用いられてきた**全変動雑音除去**（**total variation denoising**）（の異方型）を任意

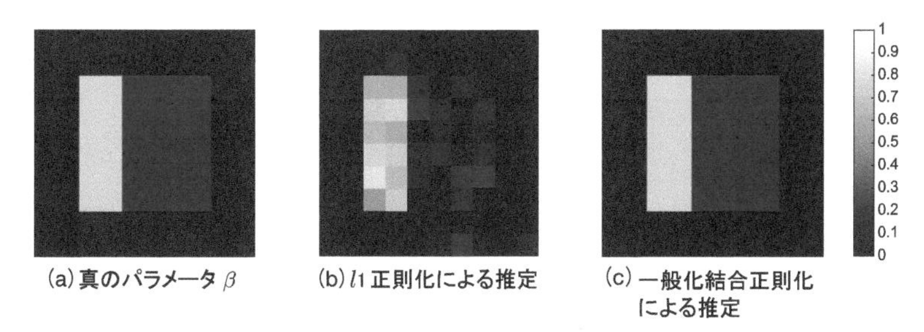

図 5.7　結合正則化の数値例. 左から, 真のパラメータ $\boldsymbol{\beta}$, ℓ_1 正則化による推定パラメータ, 格子状グラフを用いた一般化結合正則化による推定パラメータを表す.

の損失関数へ一般化したものとなっています. 画像データにおいては, 画像中のオブジェクト（人などの被写体）は画像中の一定領域を占めるので, それを背景から切り出して（別のいい方をすると, オブジェクト内はある程度共通したパラメータを用いて）学習を行いたい場合が多いため, 2 次元格子状のグラフを用いた一般化結合正則化と相性がよいわけです.

図 5.7 は, 結合正則化による最小 2 乗回帰の例を示したものです. 同図 (a) で表されるような区画的な構造をもつパラメータ $\boldsymbol{\beta}$ を用いて, ランダムに生成した $\boldsymbol{x}$ を用いて線形式 $y = \boldsymbol{x}\boldsymbol{\beta} + \epsilon$（$\epsilon$ は雑音）のようにデータ $(y, \boldsymbol{x})$ を生成します *4. (b) と (c) は, それぞれ ℓ_1 正則化と, 2 次元格子状グラフを用いた一般化結合正則化（+ ℓ_1 正則化）を用いて 2 乗誤差に基づいて推定されたパラメータを表しています. 図からもわかるように, 一般化結合正則化を用いることでパラメータが構造的に一定になりやすいように推定されています.

劣モジュラ関数との関係

結合正則化項と劣モジュラ関数との関係は, 比較的シンプルに確認できます. というのも, 実は結合正則化項 (5.10) は, 無向グラフのカット関数のロヴァース拡張そのものだからです. その事実を確認してみましょう.

まず, 無向グラフのカット関数の定義は次式の通りであったことを思い出しましょう.

*4　図の例では, $\boldsymbol{\beta} \in \mathbb{R}^{100}$ であり, また $\boldsymbol{x}$ と ϵ はそれぞれ標準偏差 1 と 0.05 の正規分布から生成し, 80 組のデータを用いて学習を行っています.

$$f_{\mathrm{cut}}(S) = \sum\{c_{ij} \colon (i,j) \in \delta_{\mathcal{G}}(S)\} \qquad (2.4,\ 再掲)$$

本章での記述に合わせて，第 2 章とやや表記を変更しています．今，d 次元の任意の実ベクトル $\boldsymbol{w} \in \mathbb{R}^d$ が与えられたとき，それを降順に並べた際の添え字を $(j_1, \ldots, j_d)$ と表します．つまり $w_{j_1} \geq \cdots \geq w_{j_d}$ です．また，1 番目から i 番目までの添え字から成る集合を $U_i := \{j_1, \ldots, j_i\}$ のように表すことにします．このとき，ロヴァース拡張の定義 (2.32) へ，無向グラフのカット関数の定義 (2.4) を $f_{\mathrm{cut}}(U_d) = 0$ に注意して代入すると

$$\widehat{f}_{\mathrm{cut}}(\boldsymbol{w}) = \sum_{i=1}^{d-1} (w_{j_i} - w_{j_{i+1}}) f_{\mathrm{cut}}(U_i)$$

が得られ，さらに各枝 $e \in \mathcal{E}$ に着目して $e \in \delta_{\mathcal{G}}(U_i)$ となるすべての i を考えて，枝ごとの和に分解することで次式が得られます．

$$\begin{aligned}
\widehat{f}_{\mathrm{cut}}(\boldsymbol{w}) &= \sum_{\substack{(j_a, j_b) \in \mathcal{E} \\ a<b}} \left(\sum_{i=a}^{b-1} (w_{j_i} - w_{j_{i+1}}) c_{j_a j_b} \right) \\
&= \sum_{\substack{(j_a, j_b) \in \mathcal{E} \\ a<b}} (w_{j_a} - w_{j_b}) c_{j_a j_b} \\
&= \sum_{(i,j) \in \mathcal{E}} c_{ij} \left| w_i - w_j \right| = \Omega_{\mathrm{fl}}(\boldsymbol{w})
\end{aligned}$$

このようにして，最終的に結合正則化項 (5.10) が得られました．

5.2.1 項でも言及したように，正規化された劣モジュラ関数のロヴァース拡張は，式 (5.8) の $\tilde{\Omega}_{f,p}(\boldsymbol{w})$ において $p = +\infty$ とした場合と等価です．したがって，本節で説明してきたグループ型正則化や結合型正則化などの構造正則化は，ともに

$$\Omega_{f,p}(\boldsymbol{w}) := \sup_{\boldsymbol{t} \in P_+(f)} \sum_{i \in V} |w_i| t_i^{1/r} \quad (p \in (1, +\infty), 1/p + 1/r = 1) \qquad (5.11)$$

という形の正則化項を用いた場合であるとしてまとめられます．ただし，カット関数 f_{cut} は単調な劣モジュラ関数ではありませんので，命題 5.2 で述べたようなノルムにはなっておらず，グループ型の正則化項 $\tilde{\Omega}_{f,p}$ とは異なる疎性の影響があります．

結合正則化で得られる疎性*

それでは，$\Omega_{\mathrm{fl}}(\boldsymbol{w})$ の疎性の影響はどのように理解できるのでしょうか．これについて考えるために，まずロヴァース拡張に関して少し補足をします．第2章でも述べたように，正規化された劣モジュラ関数 f のロヴァース拡張は，基多面体を用いた表現が可能でした（式(2.37)）．これに関連して，次のような命題が知られています．

命題 5.3

f は $V = \{1, \ldots, d\}$ を台集合とする正規化された劣モジュラ関数とする．また，$\boldsymbol{w} = (w_1, \ldots, w_d)^\top \in \mathbb{R}^d$ の各成分の異なる値を降順に並べたものを $v_1 > \cdots > v_m$ とし（したがって m はベクトル $\boldsymbol{w}$ の成分の異なる値の数），各々に対応する変数の添え字集合を $S_1, \ldots, S_m$ とする（つまり，$V = S_1 \cup \cdots \cup S_m$ であり，かつ $\forall i \in \{1, \ldots, m\}$，$\forall k \in S_i$ について $w_k = v_i$）．このとき，$\boldsymbol{s}$ が $\max_{\boldsymbol{s} \in \mathrm{B}(f)} \boldsymbol{w}^\top \boldsymbol{s}$ の最適解であるための必要十分条件は，すべての $i = 1, \ldots, m$ において $s(S_1 \cup \cdots \cup S_i) = f(S_1 \cup \cdots \cup S_i)$ が成り立つことである．

この命題の証明については，文献 [2] などを参照してください．この命題で重要なのは，ロヴァース拡張の関数値が変わり得るのは，その引数である $\boldsymbol{w}$ の成分の値の一致具合と上記のような対応をもつという点です（つまり，ロヴァース拡張の異なる**等位集合**（**level set**）の数は，$\boldsymbol{w}$ 内の成分の値が一致する数により決まります）．

ここで，さらに基多面体の性質を調べるために，分離不可能集合について定義します．

定義 5.1

f を正規化された劣モジュラ関数とする．集合 $S \subseteq V$ が f に関して分離可能であるとは，$T \neq \{\}$, $T \neq S$, かつ $f(S) = f(T) + f(S \setminus T)$ となる $T \subseteq S$ が存在する場合をいう．S が分離可能でないとき，S は分離不可能であるという．

このとき，基多面体の性質について，次の命題が示されます．

命題 5.4

$S_1 \cup \cdots \cup S_m$ を V の分割であるとし，さらに各 $j \in \{1, \ldots, m\}$ について S_j が

$$G_j(T) = f(S_1 \cup \cdots \cup S_{j-1} \cup T) - f(S_1 \cup \cdots \cup S_{j-1}) \quad (T \subseteq S_j)$$

により定義される関数 $G_j \colon 2^{S_j} \to \mathbb{R}$ に関して分離不可能であるとする．このとき，すべての $j \in \{1, \ldots, m\}$ について $\boldsymbol{s}(S_1 \cup \cdots \cup S_j) = f(S_1 \cup \cdots \cup S_j)$ となるような，すべての $\boldsymbol{s} \in \mathrm{B}(f)$ から成る集合は，m 個の超平面の共通部分における基多面体 $\mathrm{B}(f)$ の面となる．

f が無向グラフのカット関数である場合，命題 5.4 で定義した集合関数 G_j に関して分離不可能であるための必要条件は，定義式 (2.4) から明らかなように，S_j がグラフ上で隣接する集合であることです．したがって命題 5.4 から，カット関数の値は，グラフ上で隣接する集合でない場合のみ変化することがわかります．そして結果として，命題 5.3 から，$\hat{f}$ の等位集合はグラフ上で隣接する集合でのみ決まることがわかります．これが，ロヴァース拡張を正則化項として用いることで，グラフ上で隣接する集合に相当する変数の値が一致する傾向が高くなるという疎性が得られる説明になっています．

5.3　劣モジュラ多面体上の分解可能凸関数最小化への帰着

次に，ここまで行ってきた定式化において必要となる，最適化に関して説

明していきます．上述のように，多くの代表的な構造正則化は，劣モジュラ関数の凸緩和に基づいて得られた罰則項 $\Omega_{f,p}(\boldsymbol{w})$ $(p \in (1, +\infty))$（式 (5.11)）を用いた正則化としてまとめて考えることができます．ここでは，この見方に基づいて $\Omega_{f,p}(\boldsymbol{w})$ $(p \in (1, +\infty))$ を用いた正則化問題の劣モジュラ最適化による定式化について考えていきましょう．

5.3.1 近接勾配法の適用

最適化問題 (5.1) の目的関数は，一般的に扱われる学習問題においては，損失関数，正則化項ともに凸関数です．しかしながら，損失関数 $l(\boldsymbol{w})$ は微分可能であるのが一般的ですが，上で見てきたような構造正則化項 $\Omega(\boldsymbol{w})$ は（一部を除いて）微分不可能です．

$$
\begin{aligned}
&\text{目的：} \quad \underbrace{l(\boldsymbol{w})}_{\text{(微分可能)}} + \lambda \cdot \underbrace{\Omega(\boldsymbol{w})}_{\text{(微分不可能)}} \longrightarrow \text{最小} \\
&\text{制約：} \quad \boldsymbol{w} \in \mathbb{R}^d
\end{aligned}
$$

そのため，勾配計算が必要になる，通常の勾配法などの凸最小化アルゴリズムが適用できません．今回のように，微分不可能な項をもつ凸最小化に対しては，その部分を一種の射影で置き換えて勾配法と同様の手続きを適用する**近接勾配法**（**proximal gradient method**）と呼ばれる一連の最適化手法が最も頻繁に用いられます [*5]．近接勾配法は反復的な最適化手法ですが，理論的には反復回数 k に対してほぼ $O(1/k^2)$ という速さで最適解へ収束することが知られていて，これは通常の微分可能な場合と同程度に高速であることを意味しています．

まず，微分可能な凸関数の最小化のための最急降下法（最も単純な勾配法）から簡単に復習しましょう．ベクトル $\boldsymbol{w} \in \mathbb{R}^d$ を引数とする，微分可能な凸関数 $l(\boldsymbol{w})$ の最小値を求めることを目的とします．基本的な考え方は，極めてシンプルです．微分可能な関数では勾配，つまり（1 階偏微分）$\partial l(\boldsymbol{w})/\partial w_i$ が計算できるので，その勾配方向と逆向きにパラメータを動かせば，関数値を小さくできる，というものです．つまり最急降下法では，各反復 k において，次のようなパラメータの更新を繰り返します．

---

*5 そのほかにも，forward-backward splitting 法や iterative shrinkage-thresholding アルゴリズムなどの呼び名があります．

$$\boldsymbol{w}^{(k+1)} \leftarrow \boldsymbol{w}^{(k)} - \eta_k \nabla l(\boldsymbol{w}^{(k)}) \tag{5.12}$$

ただし，$\boldsymbol{w}^{(k)}$ と $\boldsymbol{w}^{(k+1)}$ はそれぞれ更新前／更新後のパラメータ，$\nabla l(\boldsymbol{w}) = (\partial l(\boldsymbol{w})/\partial w_1, \ldots, \partial l(\boldsymbol{w})/\partial w_d)^\top$ を表します．また，$\eta_k > 0$ は更新の度合いをコントロールするパラメータです．最適な η_k を探索する方法や，1 階偏微分以外の情報を用いる拡張などはいろいろと存在しますが、これらについては凸最適化の教科書などを参考にしてください（たとえば教科書 [5]）．基本的な手続きをまとめると，アルゴリズム 5.1 のようになります．

アルゴリズム 5.1 最急降下法

1. 初期解 $\boldsymbol{w}^{(0)}$ を設定する（また $k \leftarrow 0$）．
2. 収束するまで，以下の手順を繰り返す：

   a. 更新式 (5.12) に従って，パラメータを更新する．

   $$\boldsymbol{w}^{(k+1)} \leftarrow \boldsymbol{w}^{(k)} - \eta_k \nabla l(\boldsymbol{w}^{(k)})$$

   b. $k \leftarrow k+1$ に設定する．

近接勾配法は，基本的には，微分可能な部分にこの勾配法の手続きを適用することで最適化問題 (5.1) を解きます．つまり，各反復において現在の解 $\boldsymbol{w}^{(k)}$ のまわりで $l(\boldsymbol{w})$ を線形近似して得られる最小化問題

$$\begin{aligned}
\text{目的：}\quad & l(\boldsymbol{w}^{(k)}) + (\boldsymbol{w} - \boldsymbol{w}^{(k)})^\top \nabla l(\boldsymbol{w}^{(k)}) + \lambda \cdot \Omega(\boldsymbol{w}) + \frac{L}{2}\|\boldsymbol{w} - \boldsymbol{w}^{(k)}\|_2^2 \\
& \longrightarrow \text{最小} \\
\text{制約：}\quad & \boldsymbol{w} \in \mathbb{R}^d
\end{aligned} \tag{5.13}$$

を解き，その解を用いて更新を行います．最後の 2 次の項は，更新によって l が現在の線形近似から大きく離れないようにするための項で，$L > 0$ はそれを調整するパラメータです（正確には，勾配 $\nabla l(\boldsymbol{w})$ の**リプシッツ係数**（**Lipschitz constant**）の上界が用いられます）．上式 (5.13) は，項 $l(\boldsymbol{w}^{(k)})$

が定数であることに注意すると,

$$\begin{array}{ll}\text{目的：} & \frac{1}{2}\Big\|\boldsymbol{w}-\Big(\boldsymbol{w}^{(k)}-\frac{1}{L}\nabla l(\boldsymbol{w}^{(k)})\Big)\Big\|_2^2+\frac{1}{L}\lambda\Omega(\boldsymbol{w})\longrightarrow \text{最小} \\ \text{制約：} & \boldsymbol{w}\in\mathbb{R}^d\end{array} \tag{5.14}$$

を解くことと等価ですので, 正則化項 $\Omega(\boldsymbol{w})$ がなければ, 式 (5.13) は最急降下法の場合と同様の形になっていることがわかります ($\eta_k = 1/L$ となっていると考えればよいわけです). 最急降下法と同様に, 最小化問題 (5.13) を解いて得られる解を, 新しい解として用いて反復的に更新を行うことで, 問題 (5.1) の最小化が可能となります.

最適化問題 (5.14) をより一般的な形で書くと,

$$\begin{array}{ll}\text{目的：} & \frac{1}{2}\|\boldsymbol{u}-\boldsymbol{w}\|_2^2+\lambda\cdot\Omega(\boldsymbol{w})\longrightarrow \text{最小} \\ \text{制約：} & \boldsymbol{w}\in\mathbb{R}^d\end{array} \tag{5.15}$$

のように表せます. ただし, $\boldsymbol{u}$ は任意の d 次元ベクトルです. 式 (5.13) の場合には, $\boldsymbol{u}=\boldsymbol{w}^{(k)}-(1/L)\nabla l(\boldsymbol{w}^{(k)})$ で与えられます. この最適化問題は $\boldsymbol{u}$ の一種の射影を計算しているとも捉えられ, この問題の最適解を $\mathrm{prox}_{\lambda\Omega}(\boldsymbol{u})$ のように表すと, $\boldsymbol{u}$ から $\mathrm{prox}_{\lambda\Omega}(\boldsymbol{u})$ へ対応させる演算子は**近接演算子** (**proximity operator**) とも呼ばれます.

問題 (5.14) の解を用いた反復的な更新により, 反復数 k に対して解の精度は $O(1/k)$ のレートで改善していくことが, 理論的には保証されます ($\nabla l(\boldsymbol{w})$ が計算可能な場合). したがってこの収束性は, 単純な最急降下法の場合に比べて悪化してしまっていることがわかります. しかしながら, この収束性は, 以下に述べるアルゴリズム 5.2 のように, 以前の反復時の解の情報を用いた更新を行うことで改善できることが知られています. このような方法は加速近接勾配法とも呼ばれ, (本質的には同様な) いくつかの形が提案されています. アルゴリズム 5.2 で示す手順は, 機械学習分野でよく用いられる FISTA (**Fast Iterative Shrinkage-Thresholding Algorithm**) と呼ばれるものになります. これらのアルゴリズムは, $O(1/k^2)$ の収束性保証をもつことが示されています. 最急降下法の場合と同様であることからもわかるように, この収束性は, 問題 (5.1) に対しては達成可能な最良の収束性であることが理論的にも示されています.

アルゴリズム 5.2 加速近接勾配法（FISTA）

1. 初期解 $\boldsymbol{w}^{(0)}$ を設定する（また $k \leftarrow 0$）.
2. $\boldsymbol{\zeta}^{(0)} = \boldsymbol{w}^{(0)}$, $t_0 = 1$ と設定する.
3. 収束するまで，以下の手順を繰り返す：

   a. $\boldsymbol{u} = \boldsymbol{\zeta}^{(k)}$ に関して問題 (5.15) を解き，$\boldsymbol{w}^{(k+1)} = \mathrm{prox}_{\lambda\Omega}(\boldsymbol{\zeta}^{(k)})$ と代入する.
   b. $t_{k+1} = \frac{1+\sqrt{1+4t_k}}{2}$ と設定する.
   c. $\boldsymbol{\zeta}^{(k+1)} = \boldsymbol{w}^{(k+1)} + \left(\frac{t_k - 1}{t_{k+1}}\right)(\boldsymbol{w}^{(k+1)} - \boldsymbol{w}^{(k)})$ と設定する.
   d. $k \leftarrow k+1$ に設定する.

以上から，最適化問題 (5.15) の求解は，近接勾配法における最も主要な部分であることがわかります．しかしながら，ラッソなどの単純な場合をのぞき問題 (5.15) の解は一般には閉じた形では得られず，計算するためのコストが高くなってしまうのが問題となります．たとえば重複あり ℓ_1/ℓ_p グループ正則化では，この問題を避けるために，グループの重複を避けるような補助変数を導入し，**交互方向乗数法**（**Alternating direction method of multipliers, ADMM**）と呼ばれる方法を適用するなどの手段もよく用いられます[4]．劣モジュラ関数の凸緩和を通して得られる正則化項 $\Omega_{f,p}$ を用いている場合，近接演算子の計算は，劣モジュラ最小化，または**パラメトリック劣モジュラ最小化**（**parametric submodular minimization**）（変化し得るパラメータをいろいろと変えながら劣モジュラ最小化を解くような問題）に帰着して行うことができます．それでは，これについて説明していきます．

5.3.2 劣モジュラ多面体上の分離凸関数最小化による近接演算子

ここでは，最適化問題 (5.15) を劣モジュラ関数の最適化へと帰着していきます．ここでは一般的な劣モジュラ関数について説明しますが，この定式化をもとに，多くの場合にネットワークフロー計算を用いた高速化を行うことができます．これについては，次節（5.4 節）で説明します．

本章で考えてきた構造正則化項 $\Omega_{f,p}(\boldsymbol{w})$ は，いずれのタイプの構造正則化であっても，式 (5.11) のように統一的に表されるものでした．これを式 (5.15) に代入すると，次式のようになります．

$$
\begin{aligned}
&\min_{\boldsymbol{w}\in\mathbb{R}^d}\left(\frac{1}{2}\|\boldsymbol{u}-\boldsymbol{w}\|_2^2+\lambda\cdot\Omega_{f,p}(\boldsymbol{w})\right)\\
&=\min_{\boldsymbol{w}\in\mathbb{R}^d}\max_{\boldsymbol{t}\in\mathrm{P}_+(f)}\left(\frac{1}{2}\|\boldsymbol{u}-\boldsymbol{w}\|_2^2+\lambda\sum_{i\in V}|w_i|t_i^{1/r}\right)\\
&=\max_{\boldsymbol{t}\in\mathrm{P}_+(f)}\sum_{i\in V}\min_{w_i\in\mathbb{R}}\left\{\frac{1}{2}(w_i-u_i)^2+\lambda t_i^{1/r}|w_i|\right\}\\
&=-\min_{\boldsymbol{t}\in\mathrm{P}_+(f)}\sum_{i\in V}\psi_i(t_i)
\end{aligned}
\tag{5.16}
$$

最終行で与えた $\psi_i(t_i)$ は，$t_i\geq 0$ に関して

$$
\begin{aligned}
\psi_i(t_i):&=-\min_{w_i\in\mathbb{R}}\left\{\frac{1}{2}(w_i-u_i)^2+\lambda t_i^{1/r}|w_i|\right\}\\
&=\begin{cases}\frac{1}{2}\lambda^2 t_i^{2/r}-\lambda t_i^{1/r}|u_i| & 0\leq t_i\leq(|u_i|/\lambda)^2 \text{の場合}\\ -\frac{1}{2}u_i^2 & (|u_i|/\lambda)^2<t_i \text{の場合}\end{cases}
\end{aligned}
\tag{5.17}
$$

のように定義されます．$\psi_i(t_i)$ は t_i に関して凸関数ですので，結局近接演算子の計算は，劣モジュラ多面体上で分離凸関数（各変数ごとに分離された凸関数）の最小化問題を解けばよいことがわかります．

この定式化に基づくことで，式 (5.15) は，**分割アルゴリズム**（**decomposition algorithm**）と呼ばれる方法を適用することで計算可能となります．このアルゴリズムでは，再帰的に，劣モジュラ関数の制限と縮約への分割を行い，各々に関して最小化計算を行い近接演算子を計算します．アルゴリズム 5.3 に，$\Omega_{f,2}$ に関する近接演算子を計算するための分割アルゴリズムを示します（ステップ 2(a)，6，7 で再帰的に呼び出されていることに注意してください）．アルゴリズム中において，$\boldsymbol{x}_S$ $(S\subseteq V)$ は $\boldsymbol{x}=(x_i)_{i\in V}$ の部分ベクトルであり $\boldsymbol{x}_S=(x_i)_{i\in S}$ と表されています．$S\subseteq V$ とその補集合 $\overline{S}=V\setminus S$ について，$\boldsymbol{x}$ は 2 つの部分ベクトル $\boldsymbol{x}_S$ と $\boldsymbol{x}_{\overline{S}}$ に分割でき，また逆

に $\boldsymbol{x}_S$ と $\boldsymbol{x}_{\overline{S}}$ を自然に結合することで $\boldsymbol{x}$ を得ることもできます．文献 [2] には，任意の p に対する分割アルゴリズムに関する記述もあります（基本的な手順は同様です）．

アルゴリズム 5.3 $\mathrm{prox}_{\lambda\Omega_{f,2}}(\boldsymbol{z})$ 計算のための分割アルゴリズム

1. $S \leftarrow \{i \in V : w_i \neq 0\}$ と代入する．
2. $S \neq V$ であれば，次の手順（a〜c）を実行する．
   a. f の簡約 f^S を考えて $\boldsymbol{x}_S \leftarrow \mathrm{prox}_{\lambda\Omega_{f^S,2}}(\boldsymbol{z}_S)$ に設定する．
   b. $\boldsymbol{x}_{\overline{S}} \leftarrow \boldsymbol{0}$ に設定する．
   c. $\boldsymbol{x}_S$ と $\boldsymbol{x}_{\overline{S}}$ を連結して得られる $\boldsymbol{x}$ を出力する．
3. 各要素を $t_i \leftarrow \frac{w_i^2}{\|\boldsymbol{w}\|_2} f(V)$ として $\boldsymbol{t} \in \mathbb{R}^V$ を設定する．
4. 劣モジュラ関数 $f - t$ の最小化元 S を計算する．
5. $S = V$ であれば，$\boldsymbol{x} = (\|\boldsymbol{z}\| - \lambda\sqrt{f(V)})_+ \frac{\boldsymbol{z}}{\|\boldsymbol{z}\|_2}$ を出力する．
6. f の簡約 f^S を考えて $\boldsymbol{x}_S \leftarrow \mathrm{prox}_{\lambda\Omega_{f^S,2}}(\boldsymbol{z}_S)$ と代入する．
7. f の縮約 f_S を考えて $\boldsymbol{x}_{\overline{S}} \leftarrow \mathrm{prox}_{\lambda\Omega_{f_S,2}}(\boldsymbol{z}_{\overline{S}})$ と代入する．
8. $\boldsymbol{x}_S$ と $\boldsymbol{x}_{\overline{S}}$ を連結して得られる $\boldsymbol{x}$ を出力する．

ステップ 4 ではモジュラ関数 t を用いて定まる劣モジュラ関数 $f-t$ の最小化を実行していますが，アルゴリズム 5.3 は再帰的なアルゴリズムであるため，アルゴリズム全体では劣モジュラ関数最小化を $O(d)$ 回実行する必要があることがわかります．また，ステップ 5 にある $\boldsymbol{x} = (\|\boldsymbol{z}\| - \lambda\sqrt{f(V)})_+ \frac{\boldsymbol{z}}{\|\boldsymbol{z}\|_2}$ は，ベクトル $(\|\boldsymbol{z}\| - \lambda\sqrt{f(V)})$ の各成分に関して

$$x_i = \begin{cases} \|z_i\| - \lambda\sqrt{f(V)} & \|z_i\| - \lambda\sqrt{f(V)} \geq \dfrac{z_i}{\|\boldsymbol{z}\|_2} \text{の場合} \\ 0 & \text{それ以外の場合} \end{cases}$$

のような演算を表します．アルゴリズム 5.3 の正しさについては，文献 [2,18] を参照してください．

5.4 ネットワーク・フロー計算による高速化*

前節で述べた分割アルゴリズムは，各反復において，劣モジュラ最小化を行う必要がありました．またその反復回数は，変数の数が増えるのに対して，同じ割合で増えていく可能性があります（つまり $O(d)$）．近接演算子の計算は，近接勾配法の中で反復的に行わなければいけないことを考えると，この計算コストは問題のサイズが大きい場合には受け入れがたいものかもしれません．ここでは，問題 (5.16) のパラメトリック劣モジュラ最小化としての定式化を導入し，さらにこれをネットワークフロー計算に帰着することで，高速な計算を可能とする枠組みについて説明します [*6]．

5.4.1 パラメトリック劣モジュラ最小化としての定式化

それではまず，近接演算子のパラメトリック最適化としての定式化から導出します．「パラメトリック最適化」という言葉は，この後見るように，目的関数の中に変化し得るパラメータが入っていて，その変化に対する解のシーケンスを計算するような最適化をいいます．このために，式 (5.16) のかわりに，ひとまず次の最適化を考えます．

$$
\begin{aligned}
&\text{目的：} \quad \sum_{i \in V} \psi_i(\tau_i) \longrightarrow \text{最小} \\
&\text{制約：} \quad \boldsymbol{\tau} \in \mathrm{B}_+(f)
\end{aligned}
\tag{5.18}
$$

式 (5.16) では $\mathrm{P}_+(f)$ 上での最適化である一方，上式 (5.18) では $\mathrm{B}_+(f)(:= \mathrm{B}(f) \cap \mathbb{R}^V_{\geq 0})$ に置き換わっている点に注意してください．以下の議論では，f は単調劣モジュラ関数であるとします．式 (5.18) は基多面体上の分離可能凸関数の最小化問題です．また以下の議論では，f は単調劣モジュラ関数であるとします．この仮定は当然必ずしも成り立ちませんが，次のような補題が知られています（証明は文献 [13, 40] などを参照してください）．

---

*6 詳細については，文献 [25] を参照してください．

補題 5.5

$\boldsymbol{b} \in \mathbb{R}^V$，$f$ を劣モジュラ関数とし，また

$$\beta := \sup_{i \in V}\{0, f(V \setminus \{i\}) - f(V)\}/b_i$$

とおく．このとき，$f + \beta\boldsymbol{b}$ は単調な劣モジュラ関数となる．また，$\boldsymbol{\tau}^*$ を f に関する問題 (5.18) の最適解とするとき，$\boldsymbol{\tau}^* + \beta\boldsymbol{b}$ は $f + \beta\boldsymbol{b}$ に関する問題 (5.18) の最適解となる．

たとえ f が単調でなくても，これから説明するアルゴリズムは補題中の変換を利用することで適用可能となります．f が単調劣モジュラ関数であれば，基多面体 $\mathrm{B}(f)$ は非負象限に含まれるため，$\mathrm{B}(f)$ と $\mathrm{B}_+(f)$ は一致します．

パラメトリック最適化におけるパラメータを導入するための準備として，まず $\mathbb{R}$ 内の領域 J を次のように定義します．

$$J := \bigcap_{i \in V} \{\psi_i'(\tau_i) \mid \tau_i > 0\} \ \ (= (-\infty, 0])$$

ただし，$\psi_i'(\tau_i)$ は $\psi_i(\tau_i)$ の τ_i に関する微分を表します [*7]．今，$\boldsymbol{\tau}^*$ を問題 (5.18) の最適解とします．そして，$\psi_i'(\tau_i^*)$ $(i \in V)$ のうちの異なる値を $\xi_1^* < \cdots < \xi_k^*$ として（したがって $k \leq |V|$），さらに $\xi_0^* := -\infty$, $\xi_{k+1}^* := +\infty$ とおきます．そして，$S_j^* := \{i \in V : \psi_i(\tau_i^*) \leq \xi_j^*\}$（$j = 0, 1, \ldots, k+1$）とします．さらに，

$$f_\alpha(S) := f(S) - \sum_{i \in S} \phi_i(\alpha) \quad (\alpha \in J)$$

のように関数 $f_\alpha \colon 2^V \to \mathbb{R}$ を定義します．ただし $\phi_i(\alpha)$ は，$\alpha \in J \setminus \{0\}$ に対しては $\phi_i(\alpha) = (\psi_i')^{-1}(\alpha)$，$\alpha = 0$ に対しては $\phi_i(\alpha) = (|z_i|/\lambda)^r$ のように

---

*7 具体的には，式 (5.17) より次のようになります．

$$\psi_i'(t_i) = \begin{cases} \dfrac{\lambda^2 t_i^{1/r} - \lambda |u_i|}{r t_i^{1-1/r}} & 0 \leq t_i \leq (|u_i|/\lambda)^r \text{の場合} \\ 0 & (|u_i|/\lambda)^r < t_i \text{の場合} \end{cases} \tag{5.19}$$

定義される関数とします．また，$\bullet^{-1}$ は逆関数を表します [*8]．関数 f_α は劣モジュラ関数からモジュラ関数を引いた形で定義されているため，劣モジュラ関数となることがわかります．

補題 5.6

$\alpha \in J$ とする．このとき，$\xi_j^* < \alpha < \xi_{j+1}^*$ であれば S_j^* は f_α の最小化元である．また $\alpha = \xi_j^*$ であれば，S_{j-1}^* と S_j^* は f_α の，それぞれ，極小な最小化元，極大な最小化元である．

この補題の証明は文献 [39] を参考にしてください．この補題の意味することは，パラメータ α ごとに定まる劣モジュラ関数の最小化問題

$$
\begin{aligned}
&\text{目的：} \quad f_\alpha(S) \longrightarrow \text{最小} \\
&\text{制約：} \quad S \subseteq V
\end{aligned}
\tag{5.20}
$$

において，α を徐々に大きくしていくことで得られる解（最小化元）の系列は，単調に大きくなっていき $S_0^* \subset S_1^* \subset \cdots \subset S_{k+1}^*$ となる点です．そして解が変わる境界では，たとえば S_{j-1}^* から S_j^* への境界では $\alpha = \xi_j^*$ となります．S_j^* の定義にさかのぼれば，問題 (5.18) の解は，パラメトリック劣モジュラ関数最小化問題 (5.20) を解くことで得られます．つまり，すべての $\alpha \in J$ についての問題 (5.20) の解を表している $S_0^* \subset \cdots \subset S_{k+1}^*$ を求めることができれば，$j = 0, \ldots, k$ について，問題 (5.18) の解を次式のようにして計算できます．

$$
f(S_{j+1}^*) - f(S_j^*) = \sum_{i \in S_{j+1}^* \setminus S_j^*} \phi_i(\alpha) \text{ を満たす } \alpha \text{ を } \alpha_{j+1}^* \text{ として}
$$

$$
\tau_i^* = \phi_i(\alpha_{j+1}^*) \quad (i \in S_{j+1}^* \setminus S_j^*)
$$

ここで実用上重要なのは，もし関数 f がグラフ表現可能な劣モジュラ関数（4.3 節を参照）であれば，このパラメトリック最適化問題 (5.20) がパラメトリック最大流問題として解けるという点です．実際，本章で紹介したグループ型／結合型の構造正則化を生成する関数 f はグラフ表現可能な劣モジュラ

---

*8　式 (5.19) の形からもわかるように，ψ_i' は $0 \leq t_i \leq (|u_i|/\lambda)^r$ で $-\infty$ から 0 までなめらかに単調に減少する関数です．そのため，$-\infty < \alpha < 0$ において逆関数が存在します．

関数です．パラメトリック最大流問題は，通常の最大流問題に対するアルゴリズムであるプリフロー・プッシュ法（4.4 節を参照）と同じ（最悪）計算量で計算可能なことが知られており高速な計算が可能です．そのため，分割アルゴリズムのように $O(|V|)$ 回の劣モジュラ関数最小化を単純に繰り返す必要はなくなります．この具体的な計算については，次の 5.4.2 項において説明します．

いずれにしても，問題 (5.18) の解 $\boldsymbol{\tau}^*$ が計算されれば，我々が解きたいもとの問題 (5.16) の最適解は次のようにして得られます．

系 5.7

問題 (5.18) の最適解を $\boldsymbol{\tau}^*$ とする．このとき，問題 (5.16) の最適解 $\boldsymbol{w}^*$ は，次式のように与えられる．

$$w_i^* = \begin{cases} z_i - \mathrm{sign}\,(z_i)\,\lambda(\max\{\tau_i^*, 0\})^{1/r} & 0 \leq \tau_i \leq (|z_i|/\lambda)^r \text{の場合} \\ 0 & \text{その他の場合} \end{cases}$$

この系の証明については，文献 [25] を参照してください．

5.4.2 パラメトリック・フロー計算による高速化

本節では，構造正則化項 $\Omega_{f,p}$ を生成する関数 f がグラフ表現可能（4.3 節）であるときに，問題 (5.18) をパラメトリック最大流アルゴリズムで効率的に解く方法について見ていきましょう．

まず，f がグラフ表現可能であるときに，問題 (5.18) を解くために必要なグラフ $\tilde{\mathcal{G}}$ がどのようなものになっているかについて確認しましょう．f を表現するグラフを $\mathcal{G}_0 = (\mathcal{V}, \mathcal{E}_0)$ として，4.3 節と同様に頂点集合はソース s とシンク t を含んでおり $\mathcal{V} = \{s\} \cup \{t\} \cup V \cup U$ のような分割表現が得られているとします．目的関数である f_α は，$f_\alpha(S) := f(S) - \sum_{i \in S} \phi_i(\alpha)$ $(S \subseteq V)$ により定義され，グラフ表現可能な劣モジュラ関数 f と，各 $i \in V$ ごとの α についての関数の 2 つの項をもちます．パラメータ α に関連する f_α の第 2 項は各 $i \in V$ に対して分離された形で寄与しますので，グラフ $\mathcal{G}_0$ についてソース s から各 $i \in V$ へ，枝容量 $\phi_i(\alpha)$ の枝を加えた新たなグラフを考える

ことによって関数 f_α を表現できます（$\alpha \in J$ において $\phi_i(\alpha) \geq 0$ である点に注意しましょう）．このように新たに付加する枝集合 $\mathcal{E}_1 = \{(s, v) : v \in V\}$ を用いると，f_α を表現するグラフは $\tilde{\mathcal{G}} = (\mathcal{V}, \mathcal{E}_0 \cup \mathcal{E}_1)$ と表されます（ただし，$\mathcal{E}_0$ と $\mathcal{E}_1$ において始点と終点が一致する枝は別の枝とみなします）．$\mathcal{E}_0$ に含まれる枝の容量は α に依存しませんが，$\mathcal{E}_1$ に含まれる枝の容量は α の関数になっています．

このようにして得られる s-t グラフ $\tilde{\mathcal{G}} = (\mathcal{V}, \mathcal{E}_0 \cup \mathcal{E}_1)$ は，いわゆる**ギャロ・グリゴリアディス・タージャン**（**Gallo, Grigoriadis, Tarjan** 以後，GGT と呼びます）**のアルゴリズム**が適用可能な，**単調ソース-シンク**（**monotone source-sink**）と呼ばれるクラスの問題になっています．つまり，$\mathcal{E} = \mathcal{E}_0 \cup \mathcal{E}_1$ としてグラフの各枝の容量が次の条件を満たします．

(1) $v \in \mathcal{V} \setminus \{s\}$，$(s, v) \in \mathcal{E}$ ならば，$c_{(s,v)}$ は α の非減少関数．
(2) $v \in \mathcal{V} \setminus \{t\}$，$(v, t) \in \mathcal{E}$ ならば，$c_{(v,t)}$ は α の非増加関数．
(3) $u, v \in \mathcal{V} \setminus \{s, t\}$，$(u, v) \in \mathcal{E}$ ならば，$c_{(u,v)}$ は定数（α に依存しない）．

今回の問題の場合は，$(v, t) \in \mathcal{E}_0$ に関する $c_{(v,t)}$ と $(s, v) \in \mathcal{E}_0$ に関する $c_{(s,v)}$ も α について定数です．$v \in V$ として $(s, v) \in \mathcal{E}_1$ に関する $c_{(s,v)}$ については，$\psi_i'(t_i)$ が式 (5.19) のようになることから（$0 \leq t_i$ において単調に増加する），$\phi_i(\alpha)$ は $\alpha \in J$ において非減少であることがわかります．以後では，α の関数であることを明記するために，$(s, v) \in \mathcal{E}_1$ について $c_{(s,v)}(\alpha)$ と表すことにします．

一般に，単調ソース-シンクなパラメータを持つ s-t グラフでは，与えられたパラメータ値のシーケンス $\alpha_1 < \cdots < \alpha_k$ から，$S_1 \subseteq \cdots \subseteq S_k$ となる最小 s-t カットのシーケンス $(S_1, \overline{S}_1), \cdots, (S_k, \overline{S}_k)$ を，単一の最大流と同程度の計算量で求めることができるアルゴリズムが存在することが知られています[15]．さらに，$c_{(s,v)}$ および $c_{(v,t)}$ が α に関する線形関数である場合には，カットが変化するパラメータ値 α（**ブレイクポイント**と呼びます）のすべてを見つけることも，GGT アルゴリズムを適用することで同様の計算量で可能となります．一方で今回のケースのように，α の非線形関数となっている場合は，ブレイクポイントとなる α の値を決める際に非線形方程式を解く必要があるため，これは一般には成り立ちません．しかしながらこのケースでは，この方程式は，少なくとも重要なとき（$r = 1, 2$ の場合）には $\phi_i(\alpha)$ の

形から簡単に計算することができます．具体的には，ブレイクポイントを決める際には

$$\sum_{v \in V} c_{(s,v)}(\alpha) = \sum_{v \in \mathcal{V} \setminus \{t\}} c_{(v,t)} - \sum_{v \in \mathcal{V} \setminus V} c_{(s,v)} \tag{5.21}$$

を満たす α を決める必要があります．ここでは $c_{(s,v)}(\alpha)$ （$v \in V$）は ψ_i の逆関数として与えているため，単に関数値 ψ_i を評価するのみでこの α が決まります（詳細については，5.5 節を参照してください）．

最終的にはアルゴリズム 5.4 で示される手順を実行することで，問題 (5.18) の最適解 $\boldsymbol{w}^*$ を計算することができます（一部を除き，GGT アルゴリズムの手順とほぼ同様です）．

ステップ 1 ではまず，すべての異なる解を求めるために必要となる α の探索範囲 $(\alpha_0, \alpha_{k+1}(=\ 0))$ を計算する必要があります．そのような十分小さい α_0 としては，定数でないすべての $i \in \mathcal{V} \setminus \{s,t\}$ について，$c_{(s,i)}(\alpha_0) + \sum_{j \in \mathcal{V} \setminus \{s,t\}} c_{(j,i)} < c_{(i,t)}$ を満たすようなものを選べば十分です．このような α_0 は，次式のようにして得られます．

$$\alpha_0 \leftarrow \psi_i'(\min_{i \in V}\{c_{(i,t)} - \textstyle\sum_{j \in V \setminus \{s,t\}} c_{(j,i)}\}) - 1 \tag{5.22}$$

上限 α_{k+1} については，α の定義域 J から $\alpha_{k+1} = 0$ に設定すれば十分です．アルゴリズム 5.4 では何度かプリフロー・プッシュ法を適用していて，その計算量は，プロフロー・プッシュ法のそれよりも増加してしまいそうな気がします．しかしながら，プリフロー・プッシュ法を適用するグラフはあとになるほど小さくなるため，全体としてはその計算量のオーダーは，プリフロー・プッシュ法と同じ $O(nm \log \frac{n^2}{m})$ になります．

アルゴリズム 5.4 $\mathrm{prox}_{\Omega_{f,p}(\boldsymbol{z})}$ のためのパラメトリック・プリフロー法

1. α_0 を式 (5.22) により計算し，また $\alpha_{k+1} \leftarrow 0$ に設定する．
2. α_0 に対する s-t グラフへプリフロー・プッシュ法（アルゴリズム 4.6）を適用し，$|C_0|$ が最大となるような最大流 ξ_0 と最小 s-t カット $(C_0, \overline{C}_0)$ を求める．また，α_{k+1} に対する s-t グラフへも同様にプリフロー・プッシュ法を適用し，$|C_{k+1}|$ が最小となるように最大流 ξ_{k+1} と最小 s-t カット $(C_{k+1}, \overline{C}_{k+1})$ を求める．
3. 現在の s-t グラフから，C_0 と $\overline{C}_{k+1}$ 中のノードを各々 1 つのノードへと縮退し，そしてループを削除，同一経路への複数の枝がある場合はそれらの容量を足し合わせて，新しい s-t グラフ $\mathcal{G}'$ を構成する．
4. $\mathcal{G}'$ が 3 個以上のノードを含む場合は，ξ_0 と ξ_{k+1} に対応する $\mathcal{G}'$ 中のフローを各々 ξ'_0 と ξ'_{k+1} として，$\mathit{Slice}(\mathcal{G}', \alpha_0, \alpha_{k+1}, \xi'_0, \xi'_{k+1}, C_0, C_{k+1})$ を実行する．
5. 系 5.7 に基づき $\boldsymbol{w}^*$ を計算し，$\boldsymbol{w}^*$ を出力する．

手順： $\mathit{Slice}(\mathcal{G}, \alpha_l, \alpha_u, \xi_l, \xi_u, S_l, S_u)$

1. 式 (5.21) を満たす α を求める（$\tilde{\alpha}$ とする）．
2. f_l からはじめて，各 $i \in \mathcal{V} \setminus \{s, t\}$ に関して，枝 (s, i) 上のフローを飽和するまで増加させ，枝 (i, t) 上のそれを容量制約を満たすまで減少させて，プリフロー ξ'_l を構成する．そして $\tilde{\alpha}$ に関して，ξ'_l から始めてグラフ $\mathcal{G}$ においてプリフロー・プッシュ法を適用し，最小／最大となる最小 s-t カット $(C, \overline{C})$ と $(C', \overline{C}')$ を求める．
3. $\overline{C}' = \{t\}$ であれば $\tau^*_{S_u \setminus S_l} \leftarrow f(S_u) - f(S_l)$ と設定し，それ以外の場合は $\mathit{Slice}(\mathcal{G}(C'), \tilde{\alpha}, \alpha_u, \tilde{\xi}, \xi_u, C, S_u)$ を実行する．
4. $C \neq \{s\}$ であれば $\mathit{Slice}(\mathcal{G}(C), \alpha_l, \tilde{\alpha}, \xi_l, \tilde{\xi}, S_l, \overline{C}')$ を実行する．

5.5　補足：式 (5.21) の計算について

ここでは，式 (5.21) の具体的な計算について補足します．本章で説明してきた劣モジュラ関数を用いた構造正則化において，重要となるのは $p = 2, +\infty$ の場合です．ここでは，これらの場合に関して具体的に式 (5.21) を解いて得られる α を導出します．

$p = 2$（$r = 2$）の場合

まず $r = 2$ を式 (5.19) へ代入することで，ψ'_i は次式のようになります．

$$\psi'_i(\tau_i) = \frac{\lambda}{2}\left(\lambda - |z_i|/\tau_i^{1/2}\right)$$

したがって，$\psi'_i(\tilde{\tau}_i) = \psi'_j(\tilde{\tau}_j)$ となるのは，

$$|z_i|^2\tilde{\tau}_j = |z_j|^2\tilde{\tau}_i$$

となる場合であることが導けます．したがって，$i \in V$ において $c_{(s,i)}(\alpha) = \phi(\alpha)$ だったことを思い出せば，式 (5.21) を満たす α を $\tilde{\alpha}$ とすると，次式を満たすことがわかります．

$$c_{(s,i)}(\tilde{\alpha}) = \frac{|z_i|^2}{|z_1|^2 + \cdots + |z_d|^2}\left(\sum_{i \in \mathcal{V}\setminus\{t\}} c_{(i,t)} - \sum_{i \in \mathcal{V}\setminus V} c_{(s,i)}\right)$$

そのためこの値を用いて，$c_{(s,i)}$ が逆関数により定義されていることから次式のようにして $\tilde{\alpha}$ が求められます．

$$\tilde{\alpha} = \psi'_i\left(c_{(s,i)}(\tilde{\alpha})\right)$$

$p = +\infty$（$r = 1$）の場合

同様に，式 (5.19) へ $r = 1$ を代入することで次式が得られます．

$$\psi'_i(\tau_i) = \lambda(\lambda\tau_i - |z_i|)$$

そして，$\psi'_i(\tilde{\tau}_i) = \psi'_j(\tilde{\tau}_j)$ となるのは，

$$|z_i| - |z_j| = \lambda(\tilde{\tau}_i - \tilde{\tau}_j)$$

を満たす場合であることがわかります．これより，

$$c_{(s,i)}(\tilde{\alpha}) = \frac{\left(\sum_{i\in\mathcal{V}\setminus\{t\}} c_{(i,t)} - \sum_{i\in\mathcal{V}\setminus V} c_{(s,i)}\right)}{d} + \frac{|z_i| - \sum_{i\in V}|z_i|/d}{\lambda}$$

となるため，この値を用いて $\tilde{\alpha}$ を決めることができます．

B i b l i o g r a p h y

参考文献

[1] R.K. Ahuja, T.L. Magnanti, and J.B. Orlin. *Network Flows — Theory, Algorithms, and Applications.* Prentice-Hall, 1993.

[2] F. Bach. Learning with submodular functions: A convex optimization perspective. *Foundations and Trends in Machine Learning*, 6(2–3), pp. 143–373, 2013.

[3] R.B. Bairi, R. Iyer, G. Ramakrishnan, and J. Bilmes. Summarization of multi-document topic hierarchies using submodular mixtures. In *Proc. of the 53rd Ann. Meeting of the Association for Computational Linguistics and the 7th Int'l Joint Conf. on Natural Language Processing*, pp. 553–563, 2015.

[4] S. Boyd, N. Parikh, E. Chu, B. Peleato, and J. Eckstein. Distributed optimization and statistical learning via the alternating direction method of multipliers. *Foundations and Trends in Machine Learning*, 3(1), pp. 1–122, 2010.

[5] S. Boyd and L. Vandenberghe. *Convex Optimization.* Cambridge University Press, 2004.

[6] N. Buchbinder, M. Feldman, J. Naor, and R. Schwartz. Submodular maximization with cardinality constraints. In *Proceedings of the Twenty-Fifth Annual Symposium on Discrete Algorithms (SODA'14)*, pp. 1433–1452, 2014.

[7] G. Calinescu, C. Chekuri, M. Pál, and J. Vondrák. Maximizing a monotone submodular function subject to a matroid constraint. *SIAM Journal on Computing*, 40, pp. 1740–1766, 2011.

[8] J. Carbonell and J. Goldstein. The use of MMR, diversity-based reranking for reordering documents and producing summaries. In

Proc. of the 21st Ann. Int'l ACM Conf. on Research and development in information retrieval (SIGIR'98), pp. 335–336, 1998.

[9] Y. Chen and A. Krause. Near-optimal batch mode active learning and adaptive submodular optimization. In *in Proc. of the 30th Int'l Conf. on Machine Learning (ICML'13)*, pp. 160–168, 2013.

[10] A. Das and D. Kempe. Algorithms for subset selection in linear regression. In *Proc. of the 40th Ann. ACM Symp. on Theory of Computing (STOC'08)*, pp. 45–54, 2008.

[11] A. Das and D. Kempe. Submodular meets spectral: Greedy algorithms for subset selection, sparse approximation and dictionary selection. In *Proc. of the 28th Int'l Conf. on Machine Learning (ICML'11)*, pp. 1057–1064, 2011.

[12] J. Edmonds. Submodular functions, matroids, and certain polyhedra. In Richard K. Guy, H. Hanani, N. Sauer, and J. Schönheim, editors, *Combinatorial structures and their applications*, pp. 69–87. Gordon and Breach, 1970.

[13] S. Fujishige. *Submodular Functions and Optimization.* Elsevier, 2nd edition, 2005.

[14] S. Fujishige and S. Isotani. A submodular function minimization algorithm based on the minimum-norm base. *Pacific Journal of Optimization*, 7, pp. 3–17, 2011.

[15] G. Gallo, M.D. Grigoriadis, and R.E. Tarja. A fast parametric maximum flow algorithm and applications. *SIAM Journal of Computing*, 18(1), pp. 30–55, 1989.

[16] M.X. Goemans and D.P. Williamson. Improved approximation algorithms for maximum cut and satisfiability problems using semidefinite programming. *Journal of the ACM*, 42, pp. 1115–1145, 1995.

[17] D. Golovin and A. Krause. Adaptive submodularity: Theory and

applications in active learning and stochastic optimization. *Journal of Artificial Intelligence Research*, 42, pp. 427–486, 2011.

[18] H. Groenevelt. Two algorithms for maximizing a separable concave function over a polymatroid feasible region. *European Journal of Operational Research*, 54, pp. 227–236, 1991.

[19] M. Grötschel, L. Lovász, and A. Schrijver. The ellipsoid method and its consequences in combinatorial optimization. *Combinatorica*, 1, pp. 169–197, 1981.

[20] M. Grötschel, L. Lovász, and A. Schrijver. *Geometric Algorithms and Combinatorial Optimization*. Springer, 1988.

[21] C. Guestrin, A. Krause, and A.P. Singh. Near-optimal sensor placements in gaussian processes. In *Proc. of the 22nd Int'l Conf. on Machine learning (ICML'05)*, pp. 265–272, 2005.

[22] S.C.H. Hoi, R. Jin, J. Zhu, and M.R. Lyu. Batch mode active learning and its application to medical image classification. In *Proc. of the 23rd int'l Conf. on Machine learning (ICML'06)*, pp. 417–424, 2006.

[23] S. Iwata, L. Fleischer, and S. Fujishige. A combinatorial strongly polynomial algorithm for minimizing submodular functions. *Journal of the ACM*, 48, pp. 761–777, 2001.

[24] S. Jegelka, H. Liu, and J.A. Bilmes. On fast approximate submodular minimization. In *Advances in Neural Information Processing Systems*, volume 24, pp. 460–468. 2011.

[25] Y. Kawahara and Y. Yamaguchi. Parametric maxflows for structured sparse learning with convex relaxation of submodular functions. *Arxiv*: 1509. 03946, 2015.

[26] D. Kempe, J. Kleinberg, and E.v. Tardos. Maximizing the spread of influence through a social network. In *Proc. of the 9th ACM SIGKDD Int'l Conf. on Knowledge Discovery and Data Mining*

(KDD'03), pp. 137–146, 2003.

[27] V. Kolmogorov. Generalized roof duality and bisubmodular functions. *Discrete Applied Mathematics*, 160(4-5), pp. 416–426, 2012.

[28] V. Kolmogorov and A. Shioura. New algorithms for convex cost tension problem with application to computer vision. *Discrete Optimization*, 6(4), pp. 378–393, 2009.

[29] A. Krause. SFO: A toolbox for submodular function optimization. *Journal of Machine Learning Research*, 11, pp. 1141–1144, 2010.

[30] A. Krause and D. Golovin. Submodular function maximization. In Lucas Bordeaux, Youssef Hamadi, and Pushmeet Kohli, editors, *Tractability: Practical Approaches to Hard Problems.* 2014.

[31] A. Krause and C. Guestrin. Near-optimal nonmyopic value of information in graphical models. In *Proceedings of the 21st Annual Conference on Uncertainty in Artificial Intelligence (UAI'05)*, pp. 324–331, 2005.

[32] A. Krause, H. McMahan, C. Guestrin, and A. Gupta. Robust submodular observation selection. *Journal of Machine Learning Research*, 9, pp. 2761–2801, 2008.

[33] A. Krause, A. Singh and C. Guestrin. Near-Optimal Sensor Placements in Gaussian Process Theory, Efficient Algorithms and Empirical Studies. *Journal of Machine Learning Research*, 9, pp. 235–284, 2008.

[34] C.Y. Lin. ROUGE: A package for automatic evaluation of summaries. In *Text Summarization Brances out: Proc. of the ACL-04 Workshop*, 2004.

[35] H. Lin and J. Bilmes. Multi-document summarization via budgeted maximization of submodular functions. In *Proc. of the 48th Ann. Meeting of the Association for Computational Linguistics: Human Language Technologies (HLT'10)*, pp. 912–920, 2010.

[36] H. Lin and J.A. Bilmes:. Learning mixtures of submodular shells with application to document summarization. In *Proc. of the 28th Conf. on Uncertainty in Artificial Intelligence (UAI'12)*, pp. 479–490, 2012.

[37] L. Lovász. Submodular functions and convexity. In A. Bachem, B. Korte, and M. Grötschel, editors, *Mathematical Programming The State of the Art*, pp. 235–257, Springer Berlin Heidelberg, 1983.

[38] H. Nagamochi and T. Ibaraki. Computing edge-connectivity in multigraphs and capacitated graphs. *SIAM Journal on Discrete Mathematics*, 5, pp. 54–66, 1992.

[39] K. Nagano and K. Aihara. Equivalent of convex minimization problems over base polytopes. *Japan Journal of Industrial and Applied Mathematics*, 29, pp. 519–534, 2012.

[40] K. Nagano and Y. Kawahara. Structured convex optimization under submodular constraints. In *Proc. of the 29th Ann. Conf. on Uncertainty in Artificial Intelligence (UAI'13)*, pp. 459–468, 2013.

[41] G.L. Nemhauser, L.A. Wolsey, and M.L. Fisher. An analysis of approximations for maximizing submodular set functions—i. *Mathematical Programming*, 14, pp. 265–294, 1978.

[42] G. Obozinski and F. Bach. Convex relaxation for combinatorial penalties. Report, 2012.

[43] J.B. Orlin. A faster strongly polynomial time algorithm for submodular function minimization. *Mathematical Programming*, 118, pp. 237–251, 2009.

[44] J.B. Orlin. Max flows in $o(nm)$ time, or better. In *Proc. of the 45th Ann. ACM symp. on Theory of computing (STOC'13)*, pp. 765–774, 2013.

[45] M. Queyranne. Minimizing symmetric submodular functions. *Mathematical Programming*, 82(1), pp. 3–12, 1998.

[46] C.E. Rasmussen and C. Williams. *Gaussian Processes for Machine Learning.* MIT Press, 2006.

[47] C. Reed and G. Zoubin. Scaling the indian buffet process via submodular maximization. In *in Proc. of the 30th Int'l Conf. on Machine Learning (ICML'13)*, pp. 1013–1021, 2013. JMLR W&CP 28(3).

[48] M.G. Rodriguez, J. Leskovec, and A. Krause. Inferring networks of diffusion and influence. In *Proc. of the 16th ACM SIGKDD Int'l Conf. on Knowledge Discovery and Data Mining (KDD'10)*, pp. 1019–1028, 2010.

[49] A. Schrijver. A combinatorial algorithm minimizing submodular functions in strongly polynomial time. *Journal of Combinatorial Theory (B)*, 80, pp. 346–355, 2000.

[50] C.E. Shannon. A mathematical theory of communication. *Bell System Technical Journal*, 27, pp. 379–423, 623–656, 1948.

[51] M. Sviridenko. A note on maximizing a submodular set function subject to a knapsack constraint. *Operations Research Letters*, 32, pp. 41–43, 2004.

[52] M. Thoma, H. Cheng, A. Gretton, J. Han, H. Kriegel, A. Smola, S. Le Song Philip, X. Yan, and K. Borgwardt. Near-optimal supervised feature selection among frequent subgraphs. In *Proc. of the 2009 SIAM Conf. on Data Mining (SDM'09)*, pp. 1076–1087, 2009.

[53] 冨岡亮太. スパース性に基づく機械学習（機械学習プロフェッショナルシリーズ）, 講談社, 2015.

[54] P. Wolfe. Finding the nearest point in a polytope. *Mathematical Programming*, 11, pp. 128–149, 1976.

索　引

数字・欧文

あ行

か行

さ行

た行

な行

は行

ま行

や行

ら行

著者紹介

河原 吉伸（かわはら よしのぶ） 博士（工学）
2003 年　東京大学工学部航空宇宙工学科卒業
2008 年　東京大学大学院工学系研究科航空宇宙工学専攻博士課程修了
現　在　大阪大学 大学院情報科学研究科 教授
　　　　理化学研究所 革新知能統合研究センター チームリーダー

永野 清仁（ながの きよひと） 博士（情報理工学）
2003 年　東京大学工学部計数工学科卒業
2008 年　東京大学大学院情報理工学系研究科数理情報学専攻博士課程
　　　　修了
現　在　群馬大学社会情報学部 准教授

NDC007　184p　21cm

機械学習プロフェッショナルシリーズ
劣モジュラ最適化と機械学習

2015 年 12 月 8 日　第 1 刷発行
2022 年 12 月 21 日　第 3 刷発行

著　者　河原 吉伸・永野 清仁
発行者　髙橋明男
発行所　株式会社　講談社
　　　　〒 112-8001　東京都文京区音羽 2-12-21
　　　　　販売　(03)5395-4415
　　　　　業務　(03)5395-3615

編　集　株式会社　講談社サイエンティフィク
　　　　代表　堀越俊一
　　　　〒 162-0825　東京都新宿区神楽坂 2-14　ノービィビル
　　　　　編集　(03)3235-3701
本文データ制作　藤原印刷株式会社
印刷・製本　株式会社ＫＰＳプロダクツ

Printed in Japan

ISBN 978-4-06-152909-0